高等院校数字艺术精品课程系列教材

Animate CC 二维动画设计与实战

全彩慕课版

姜巧玲 张帆 编著

人民邮电出版社
北京

图书在版编目（CIP）数据

Animate CC二维动画设计与实战 : 全彩慕课版 / 姜巧玲，张帆编著. -- 北京 : 人民邮电出版社，2022.1（2023.10重印）
高等院校数字艺术精品课程系列教材
ISBN 978-7-115-57166-3

Ⅰ. ①A… Ⅱ. ①姜… ②张… Ⅲ. ①动画制作软件－高等学校－教材 Ⅳ. ①TP391.414

中国版本图书馆CIP数据核字(2021)第167943号

内 容 提 要

本书分为“基础篇”“高级篇”“综合篇”3 个部分，共包含 9 个工作任务。每个工作任务以一个完整的典型案例为主线，按照“案例引入—知识探究—案例制作”的思路组织知识模块（部分任务含拓展训练）。本书围绕每个案例的能力目标和知识目标，对所需的技术方法和理论知识进行梳理，然后加以讲解和分析。本书在案例的制作过程中重点阐述设计思路和设计方法，制作步骤思路清晰、描述准确，有较好的指导性和启发性。

本书内容全面、讲解清晰、操作性强，既可作为高校动漫相关专业“二维动画设计”课程的教材，也可作为动画设计人员及相关爱好者学习二维动画制作及 Animate 软件技术的参考书。

◆ 编　　著　姜巧玲　张　帆
　责任编辑　刘　佳
　责任印制　王　郁　彭志环

◆ 人民邮电出版社出版发行　　北京市丰台区成寿寺路 11 号
　邮编　100164　　电子邮件　315@ptpress.com.cn
　网址　https://www.ptpress.com.cn
　北京博海升彩色印刷有限公司印刷

◆ 开本：787×1092　1/16
　印张：12　　2022 年 1 月第 1 版
　字数：300 千字　　2023 年 10 月北京第 4 次印刷

定价：69.80 元

读者服务热线：(010)81055256　印装质量热线：(010)81055316
反盗版热线：(010)81055315
广告经营许可证：京东市监广登字 20170147 号

FOREWORD 前 言

本书全面贯彻党的二十大精神，以立德树人为根本任务。在案例的设计和素材选取时，把价值引领、知识传授及技能培养有机融合。如“春节快乐”“曲苑杂谈”等这类案例，通过吸收和表现中华优秀传统文化元素，引导学生增强“文化自信”，并使学生在案例制作和训练中不断提高弘扬传统文化的自觉性和责任感，增强中华文明传播力影响力。同时，本书还通过“中国梦”“温暖的接力”等这类案例内涵的延伸，倡导践行社会主义核心价值观的重要意义，通过“学－做－思”沉浸式案例的引导与启发，激发学生胸怀‘国之大者’，努力担当中华民族伟大复兴的历史大任。

二维动画在三维（3D）动画盛行的今天仍然有它生存的空间和价值，特别是当传统二维动画与 Flash 动画有机结合后，二维动画影片美观，制作高效、快捷的特点更加突出，所以二维动画与 Flash 动画一直以来都是高职院校动漫及相关专业的必修课程。但是 Adobe 公司在 2016 年把“Adobe Flash Professional CC”更名为“Adobe Animate CC”，同时在功能等方面做了扩充和调整，原有 Flash 的相关教材便陷入被淘汰的局面，取而代之的是 Adobe Animate（以下简称 An 软件）配套教材。针对这种情况，我们从市场和岗位需求出发，以项目案例为载体，将二维动画设计 Animate CC 2020 软件进行有机结合，将设计理论与技术支撑统一到具体的案例中，这是本书编写的基本思路。

主要特色

本书的一大特色是以高职教育新发展理念为指导，以“三教”改革要求为标准，在内容中有机融入“思政”教育，使知识传授与价值引领浑然一体。本书一方面在案例中注重吸收中华优秀传统文化元素，引导学生增加“文化自信”，如“春节快乐”“曲苑杂谈”等内容；另一方面在案例中融入思政元素，倡导学生树立社会主义核心价值观，如“中国梦”和“温暖的接力”等内容。通过教材内容的改革，将立德树人融入教书育人的全过程，培养德、智、体、美、劳全面发展的社会主义建设者和接班人。

当前市场上的相关教材在内容上往往综合性不强：要么以介绍软件功能为主线，偏重于介绍 Animate 软件技术；要么以讲解传统动画设计方法为主线，偏重于讲解理论。将传统动画设计与软件技术相结合的相关教材偏少，因此，本书紧跟行业的发展需求，从学生的认知规律出发，以培养专业技能为核心，采用以项目案例为主线的方式进行组织和编写。读者通过学习案例制作既可以学到二维动画的设计方法，又可以熟悉 An 软件的各项功能，达到二者兼顾的学习效果。

本书的两位主编是国家级示范高职院校的一线骨干教师，在案例中融入了多年的教学经验和丰富的案例素材，使本书具有内容鲜活、表现丰富、实用性强的特点。而且案例与案例之间保持独立，可使读者的知识和能力由浅入深、循序渐进。

主要内容

本书分为“基础篇”“高级篇”“综合篇”3 个部分，共 9 个工作任务。其中，“基础篇”中包含 5 个工作任务，涉及的知识有 An 软件界面与工具、传统补间动画、形状补间动画、逐帧动画、元件、引导层及遮罩层等；“高级篇”中包含 2 个工作任务，涉及的知识有 ActionScript 脚本、交互控制、音频导入与合成等；“综合篇”中包含 2 个工作任务，涉及的知识有脚本、角色、场景、分镜、动作、镜头、音效、片头片尾等。

本书内容丰富、案例实用性强，共包含 24 个案例。除“综合篇”外，每个工作任务中都包含了 3 个案例，以典型案例为载体，将涵盖的知识和技术进行分析与讲解。在此基础上又提供了 2 个拓展案例，以便读者巩固知识、强化技能，达到举一反三的目的，实现设计能力从实践到理论再到应用的有效过渡。

配套资源

本书有配套的电子资源，包括每个案例的素材文件（如图片、声音文件、特殊字体等）、动画源文件和影片文件，以及拓展训练的相关动画源文件和影片文件。本书还提供丰富、翔实的 PPT 课件和精彩生动的微课视频。

本书由姜巧玲和张帆编著，两人共同完成每个工作任务的案例创作和文字编写工作。由于编者水平和能力有限，书中难免存在疏漏之处，敬请广大读者批评指正。

编　者

2023 年 5 月

Animate CC

CONTENTS 目录

基础篇

01

工作任务 1 昼夜交替的田园风景动画设计

1.1 案例引入 ……2

1.1.1 案例展示截图与动画二维码 ……2

1.1.2 案例分析与说明 ……3

1.2 知识探究 ……3

1.2.1 An 软件的工作界面及功能简介 ……3

1.2.2 图形绘制与编辑 ……6

1.2.3 传统补间动画的制作 ……8

1.3 案例制作 ……8

1.3.1 新建文档 ……8

1.3.2 图层设计与创建 ……9

1.3.3 白天所用元件的绘制 ……9

1.3.4 夜晚新增元件的绘制 ……16

1.3.5 动画效果的制作 ……16

1.4 拓展训练 ……19

1.4.1 白天城市街道动画设计 ……19

1.4.2 夜晚海岸动画设计 ……20

02

工作任务 2 “春节快乐”网站庆典动画设计

2.1 案例引入 ……22

2.1.1 案例展示截图与动画二维码 ……22

2.1.2 案例分析与说明 ……23

2.2 知识探究 ……23

2.2.1 铅笔与画笔工具 ……23

Animate CC

2.2.2 文本工具及字形编辑 ……24
2.2.3 对象绘制模式 ……25
2.2.4 发光和渐变发光滤镜 ……25
2.2.5 影片剪辑元件 ……26
2.2.6 形状补间动画的制作 ……27

2.3 案例制作……28
2.3.1 新建文档 ……28
2.3.2 制作元件 ……28
2.3.3 创建图层并添加对象 ……39
2.3.4 动画效果的制作……39

2.4 拓展训练……40
2.4.1 海底生物动画设计 ……40
2.4.2 茶品网站动画设计 ……41

—03—

工作任务 3 《曲苑杂谈》曲艺栏目片头及角标动画设计

3.1 案例引入……43
3.1.1 案例展示截图与动画二维码 ……43
3.1.2 案例分析与说明……44

3.2 知识探究……44
3.2.1 变形工具 ……44
3.2.2 变形面板 ……45
3.2.3 橡皮擦工具……46
3.2.4 翻转帧……46
3.2.5 斜角和渐变斜角镜滤 ……46
3.2.6 逐帧动画的制作……47

3.3 案例制作……48
3.3.1 新建文档 ……48
3.3.2 制作元件 ……48
3.3.3 创建图层并添加对象 ……52
3.3.4 片头动画的制作……52
3.3.5 将影片转换为角标动画 ……54

3.4 拓展训练……56
3.4.1 卡通人物手绘效果动画设计 ……56
3.4.2 火柴人走路动画设计 ……57

CONTENTS 目录

—04—

工作任务 4 “中国梦”网站展示动画设计

4.1 案例引入……59
4.1.1 案例展示截图与动画二维码……60
4.1.2 案例分析与说明……60
4.2 知识探究……60
4.2.1 外部图像素材的导入……60
4.2.2 投影滤镜……61
4.2.3 墨水瓶工具……61
4.2.4 引导层技术……62
4.3 案例制作……64
4.3.1 新建文档……64
4.3.2 制作元件……64
4.3.3 创建图层并添加对象……69
4.4 拓展训练……70
4.4.1 摩天轮转动的动画设计……70
4.4.2 蝴蝶飞舞的动画设计……70

—05—

工作任务 5 动态海报设计

5.1 案例引入……72
5.1.1 案例展示截图与动画二维码……72
5.1.2 案例分析与说明……73
5.2 知识探究……73
5.2.1 模糊滤镜……73
5.2.2 摄像头工具……73
5.2.3 遮罩层技术……74
5.3 案例制作……76
5.3.1 新建文档……76
5.3.2 制作元件……76
5.3.3 创建图层并添加对象……77
5.3.4 动画的制作……77
5.4 拓展训练……78
5.4.1 展开画轴的动画设计……78
5.4.2 光照文字的动画设计……79

Animate CC

高级篇

06

工作任务 6 舞台打斗表演的交互控制设计

6.1 案例引入 82

6.1.1 案例展示截图与动画二维码 82

6.1.2 案例分析与说明 83

6.2 知识探究 83

6.2.1 交互的概念 83

6.2.2 按钮元件 83

6.2.3 ActionScript 基本概念与语法 84

6.2.4 动作面板与脚本窗口 86

6.3 案例制作 87

6.3.1 新建文档 87

6.3.2 制作元件 87

6.3.3 创建图层并添加对象 89

6.3.4 舞台打斗表演动画的制作 89

6.3.5 控制代码的编辑 90

6.4 拓展训练 92

6.4.1 表情变换的动画设计 92

6.4.2 旅游景点动态查询动画设计 94

07

工作任务 7 动态漫画音效与演播设计

7.1 案例引入 98

7.1.1 案例展示截图与动画二维码 98

7.1.2 案例分析与说明 99

7.2 知识探究 99

7.2.1 添加场景与场景面板 99

7.2.2 声音文件及其导入 99

7.2.3 背景音乐的设置 100

7.2.4 说话或动作伴音的设置 100

7.2.5 按钮音效的设置 101

CONTENTS 目录

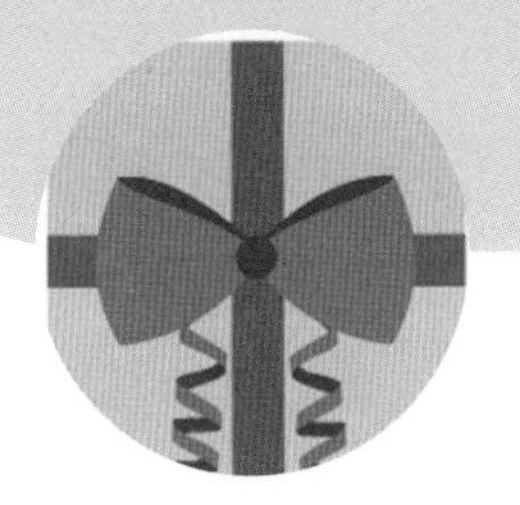

7.2.6 分类管理库文件……101

7.3 案例制作……102

7.3.1 新建文档并导入素材……102

7.3.2 制作元件……102

7.3.3 动画制作与音效设置……105

7.3.4 演播控制设计……109

7.4 拓展训练……111

7.4.1 “K 歌之王”趣味选歌系统制作……111

7.4.2 架子鼓模拟演奏器制作……114

综合篇

08

工作任务 8 《生日快乐》歌曲 MV 动画设计

8.1 案例引入……116

8.1.1 案例展示截图与动画二维码……117

8.1.2 案例分析与说明……117

8.2 知识探究……117

8.2.1 歌曲分段与影片框架……117

8.2.2 动画分镜的概念……118

8.2.3 镜头效果设计……118

8.2.4 动画预设……119

8.3 案例制作……119

8.3.1 歌曲分析……119

8.3.2 场景设计……120

8.3.3 分镜设计……120

8.3.4 元件制作……122

8.3.5 图层设计与动画设计……128

8.3.6 字幕设计……131

8.3.7 音效合成……132

09

工作任务 9 “温暖的接力”情景短片动画设计

9.1 案例引入……133

Animate CC

9.1.1 案例展示截图与动画二维码 ······ 133
9.1.2 案例分析与说明 ······ 134
9.2 知识探究 ······ 134
9.2.1 角色设计 ······ 134
9.2.2 场景设计 ······ 137
9.2.3 脚本设计 ······ 140
9.2.4 动作设计 ······ 140
9.3 案例制作 ······ 151
9.3.1 故事情节设计 ······ 151
9.3.2 角色设计与制作 ······ 152
9.3.3 场景设计与制作 ······ 155
9.3.4 分镜脚本设计 ······ 157
9.3.5 动作设计与制作 ······ 165
9.3.6 动画制作与实现 ······ 170
9.3.7 音效设计 ······ 180
9.3.8 片头片尾设计 ······ 180

基础篇

工作任务 1

昼夜交替的田园风景动画设计

Animate 软件安装与卸载

图形的绘制与编辑 -1

图形的绘制与编辑 -2

传统补间动画制作 -1

传统补间动画制作 -2

1.1 案例引入

二维动画设计有多种表现形式，其中运用矢量图形设计 Q 版风格的动画是应用得比较多的一种。利用 An 软件设计制作 Q 版风格的动画是最便捷的手段之一。

本案例是一个典型的 Q 版风格的场景动画，它有白天和夜晚两个时段。

1.1.1 案例展示截图与动画二维码

白天风景动画截图

夜晚风景动画截图

扫码观看动画效果

1.1.2 案例分析与说明

本案例设计了一处田园风景，白天有太阳、云朵、山脉、房子、风车和花草树木等景物，夜晚太阳消失，取而代之的是月亮和星星。这些景物需要使用图形工具进行逐个绘制，并分别转换成相应的图形元件。

各景物有动有静，太阳、云朵和月亮表现为位置和大小改变，风车表现为旋转，星星表现为闪烁。这些不同的动作表现需要运用 An 软件的传统补间动画形式来实现。而且为了使案例效果更加自然、完整，在案例的开头、结尾及昼夜交替处都设计了淡入、淡出效果，这样一来，看似不动的景物实际也隐含着色调和亮度的变化，所以各景物在案例中都包含了不同效果的动作设计。

本案例主要有两个重点知识目标：一个目标是使读者掌握“绘制对象”工具的使用方法，通过案例中各类不同景物的绘制，帮助读者熟悉 An 软件的工作界面，了解常用面板及功能参数的含义，掌握常用绘图工具的使用方法，完成各类对象的形态绘制；另一个目标是使读者掌握“创建动画”的方法和步骤，通过各类景物不同动画效果的制作，帮助读者掌握 An 软件传统补间动画的创建方法和步骤，熟悉动作的不同表现形式和实现手段，为后续的其他案例的动画制作奠定基础。

1.2 知识探究

1.2.1 An 软件的工作界面及功能简介

1. 新建文档

打开 An 软件，在“新建文档”对话框中选择“角色动画”“标准”“ActionScript 3.0”等，然后单击“创建”按钮直接进入 An 软件的工作界面“新建文档”对话框，如图 1.1 所示。

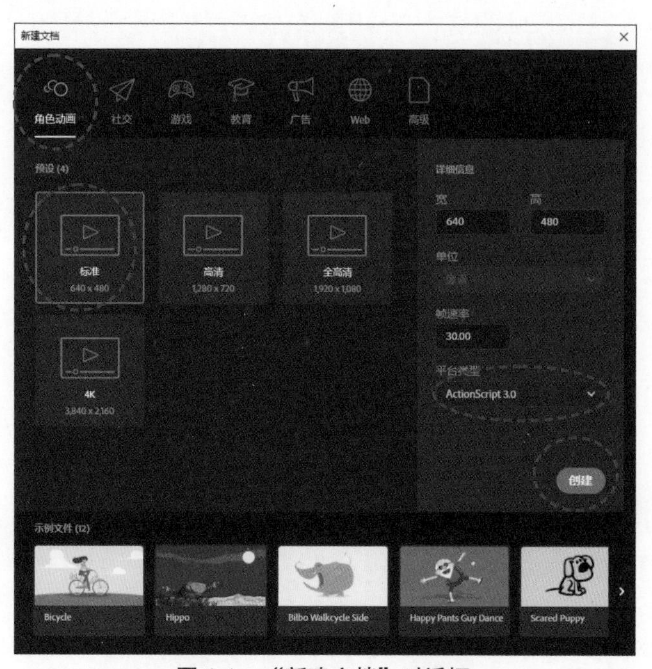

图 1.1 “新建文档”对话框

2. 工作界面

An 软件的工作界面主要包括菜单栏、场景、舞台、时间轴、工具箱、属性及其他功能面板，如图 1.2 所示。

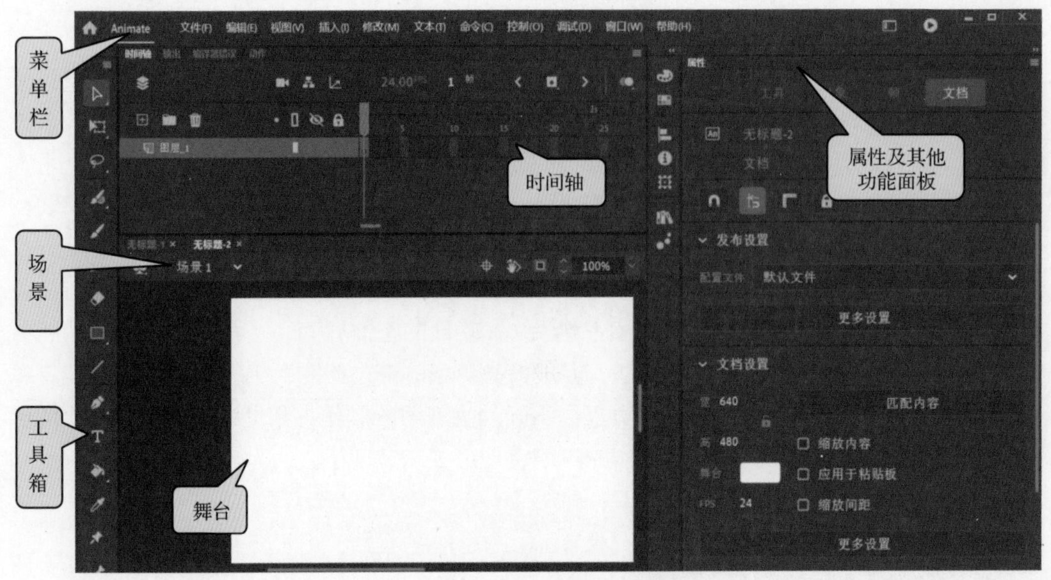

图 1.2 工作界面及组成

3. 场景与舞台

（1）场景

场景是所有动画元素最大的活动空间，动画中的场景可以不止一个。一个动画影片可以放在一个场景中，也可以以多个影片片断的形式分别放在不同的场景中。要查看对应的场景，可以单击舞台左侧的“场景”按钮，然后从下拉列表中选择。

（2）舞台

舞台是绘制动画对象的矩形区域，在导出或播放影片时仅显示舞台上的内容，其余的内容是不显示的。舞台的大小和背景颜色可以通过属性面板进行修改，如图 1.3 所示。

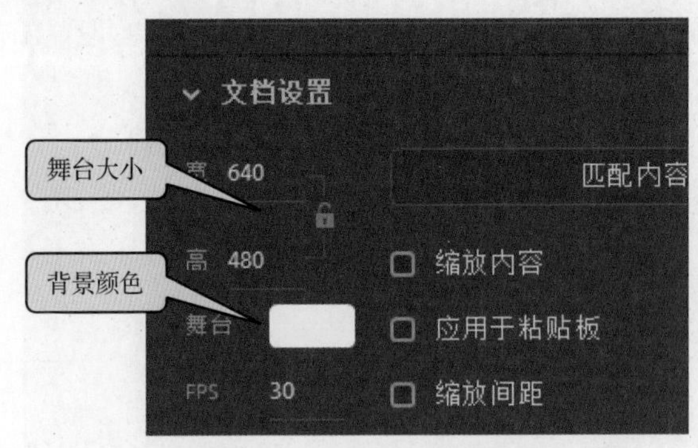

图 1.3 舞台大小与背景颜色设置

4. 图层与时间轴、关键帧及其他帧

时间轴面板由左侧的图层区和右侧的帧控制区组成。

（1）图层

图层是用来组织和管理舞台上的动画对象的，可以添加、删除、隐藏和锁定图层。多个对象可以在同一个图层，也可以在不同的图层。

（2）时间轴

时间轴用于编辑和控制动画对象的动作时间节点，基本单位是帧。一个对象占用的帧数越多，动画的时间就越长。可以根据动画设计的需要，通过时间轴添加和设置不同性质的帧。

（3）关键帧及其他帧

关键帧是可以编辑动作状态的帧，换句话说，只有在关键帧上才能编辑对象的动作状态和相关参数。当关键帧上没有添加任何动画对象时，为空白关键帧。

其他帧包括静止帧、过渡帧和空白帧等。这些帧只代表对象占用帧的多少，是不可编辑的。

5. 工具箱

工具箱是指工具面板，动画对象的绘制及各类形态的编辑都需要通过不同的工具来实现。工具箱中的工具可分为 4 个模块，如表 1.1 所示。

表 1.1　工具箱模块分类

模块	包含的工具	备注
移动选择模块	选择工具、任意变形工具、套索工具	有的工具图标右下角有小三角标记，当单击此类工具并稍作停顿时，会显示其中所隐含的其他同系列工具
图形绘制模块	流畅画笔工具、传统画笔工具、橡皮擦工具、矩形工具、线条工具	
填色模块	钢笔工具、文本工具、颜料桶工具、滴管工具、资料变形工具	
移动修改模块	手形工具、缩放工具	

另外，工具栏下方有编辑工具栏工具 ··· ，单击该工具后会出现拖放工具面板，可以将没有显示的工具从面板拖到工具箱相应的模块中。

6. 浮动面板

常用的浮动面板停靠在舞台右侧，可以通过“窗口”菜单中的子菜单打开和关闭所需的功能面板。在新建文档时默认打开的有属性和库面板，对于其他面板可以根据需要进行拖动、停靠、组合或关闭。

1.2.2 图形绘制与编辑

1. 图形的绘制与属性设置

绘制图形的工具除了有钢笔、铅笔、笔刷、直线等外，还有矩形工具，其中矩形工具中又隐含着基本矩形工具、椭圆工具、基本椭圆工具和多角星形工具，如图 1.4 所示。

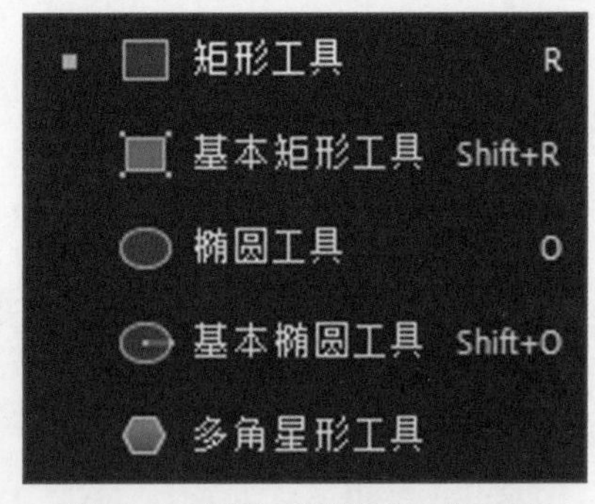

图 1.4 矩形工具及其隐含工具

绘制图形并编辑外观有两种方式：一种是在绘制图形前，对选用的工具在颜色面板设置描边及填充属性，再绘制图形；另一种是先绘制图形并选中图形，然后通过颜色面板对其描边及填充进行修改和编辑。颜色面板如图 1.5 所示。

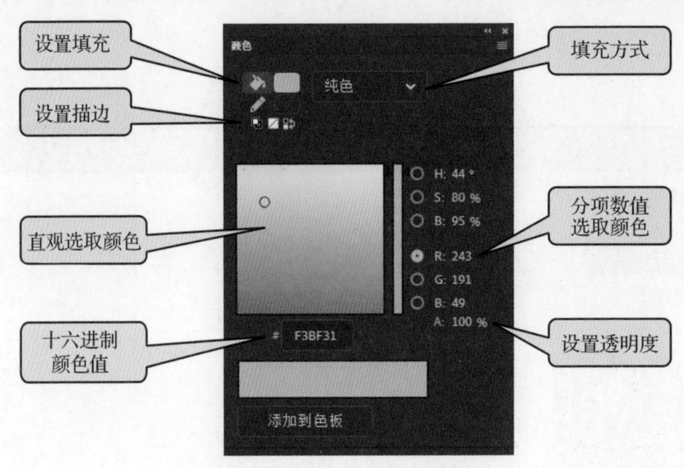

图 1.5 颜色面板

2. 图形“软”“散”“粘”的特点

- 所谓“软”就是指图形的轮廓或线条是“软”的：图形的轮廓或线条的中间或两端是可以用“选择工具”任意修改和拖曳的，如图 1.6 所示。

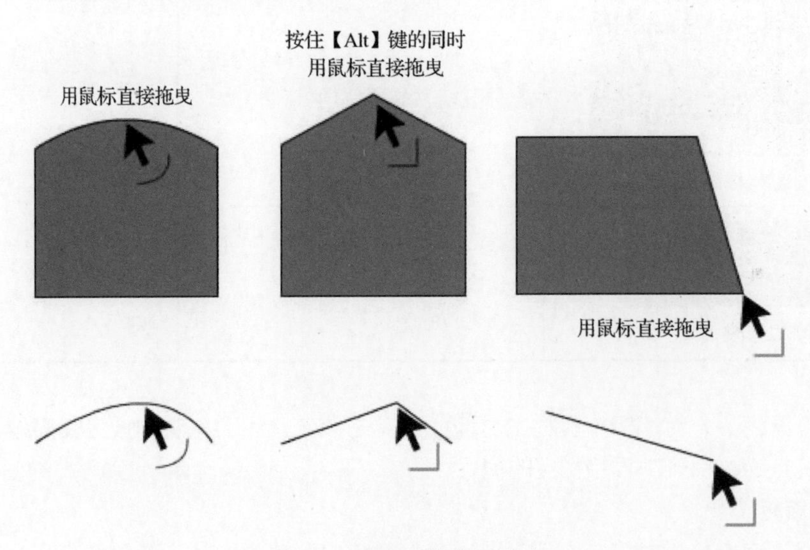

图 1.6 图形“软”的特点

- 所谓“散”就是指图形是“散”的：用“选择工具”可以任意选择图形的局部，并将其从图形中分离出来，如图 1.7 所示。

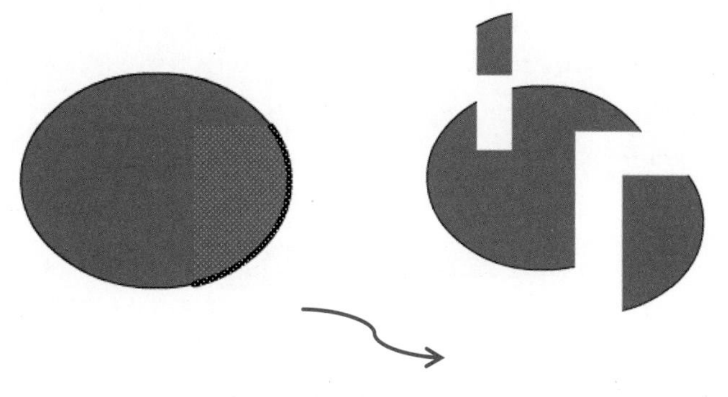

图 1.7　图形“散”的特点

- 所谓“粘”就是指图形是“粘”的：将多个图形叠放并取消选中状态后，这些图形便“粘”在一起，当选中放在下方的图形并拖出后，发现它的一部分已经被“粘”掉，图形不再完整，如图 1.8 所示。

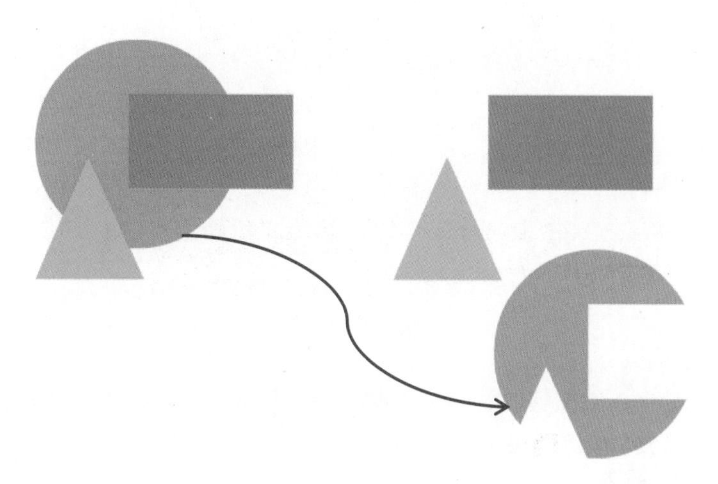

图 1.8　图形“粘”的特点

3. 图形的编组与对象的分离

（1）图形的编组

为了克服图形“粘”的不便，可以按组合键【Ctrl+G】对所选图形进行编组，图形便转换成组，这时它已失去“粘”性，不会再被其他对象“粘”掉局部。另外，可以对一个或多个所选图形进行编组，也可以对一个或多个所选组进行联合编组。

（2）对象的分离

可以通过按组合键【Ctrl+B】对已经编组的对象进行分离（也叫打散），使它变回图形属性，恢复图形的“粘”性。对于经过多层编组的对象，需要按多次组合键【Ctrl+B】才能将其打散成图形。可以被打散的有元件、组、图片和文字等对象。

4. 对象的排列与对齐

（1）对象的排列

当两个或多个对象上下叠放，需要重新调整上下排列顺序时，可选择其中的目标对象，在右击该对象弹出的“排列”快捷菜单中选择“移至顶层”或“上移一层”等相应的选项。

注意： 只有不具有“粘”性的对象才能进行叠放顺序的调整。如果图形与其他组或元件实例叠放，则图形默认在下方，并且不能通过上述方法将图形调整到上方。

（2）对象的对齐

当一个或多个对象需要进行横向或纵向对齐时，在选中对象的前提下，在右击该对象弹出的“对齐”快捷菜单中选择“顶对齐”“垂直居中分布”等相应的选项。

5. 图形元件的转换与创建

当想把绘制好的图形转换成元件时，可以选中图形并按快捷键【F8】，然后在弹出的对话框中选择“图形元件”选项，单击“确定”按钮即可完成图形向元件的转换，这时舞台上原图形属性变为实例，而库面板中多了一个图形元件。

图形元件也可以采用先创建后绘制的方式，即选择菜单中的命令“插入 | 新建元件”，在弹出的对话框中选择“图形元件”选项，单击“确定”按钮即可完成图形元件的创建，然后在其中绘制具体的形状。

1.2.3 传统补间动画的制作

1. 传统补间动画的制作步骤

创建传统补间动画共有 3 个步骤（前提条件是已经绘制好图形元件）。

① 在时间轴对应图形元件所在的关键帧右击，从弹出的快捷菜单中选择“创建传统补间”。

② 在时间轴预想的末尾帧右击，从弹出的快捷菜单中选择“插入关键帧”或直接按快捷键【F6】来添加尾关键帧。

③ 在舞台上，对首或尾关键帧的图形对象进行状态的编辑修改（其中所说的“状态”包括大小、变形、位置、颜色、透明度、亮度、色调等）。

2. 影片测试

（1）在舞台上测试

把播放头放在起始帧上，然后按【Enter】键即可看到动画在舞台上的播放效果，且只播放一次。也可以单击“播放”按钮▶来测试动画在舞台上的播放效果。

（2）在播放器中测试

直接按组合键【Ctrl+Enter】（或选择菜单中的命令“控制 | 测试影片”），即可在弹出的播放器中看到影片循环播放的效果。

3. 文件的保存与导出

（1）保存源文件

直接按组合键【Ctrl+S】（或选择菜单中的命令“文件 | 保存”），然后在弹出的对话框中设置源文件保存的地址和文件名称即可。文件扩展名不必输入，默认为 .fla。

（2）导出影片文件

直接按组合键【Ctrl+Alt+Shift+S】（或选择菜单中的命令“文件 | 导出”），然后在弹出的对话框中设置影片文件保存的地址和文件名称即可。文件扩展名不必输入，默认为 .swf。

1.3 案例制作

1.3.1 新建文档

① 打开 An 软件，在“新建文档”对话框中选择“角色动画”“标准”“ActionScript 3.0”等，并手动设置舞台大小宽为 800、高为 600，单位为像素（注：An 软件中角色动画类型的文档，

其舞台大小及舞台上对象大小的单位均为像素。本书后续内容中舞台及对象大小的单位均省略），然后单击“创建”按钮直接进入 An 软件的工作界面。

② 利用属性面板将新文档的舞台背景颜色设置为黑色。

1.3.2 图层设计与创建

1. 白天风景所需图层的创建

根据案例设计的需要，白天景物按类别和动作不同可创建 11 个图层，用来放置不同的图形对象。单击时间轴左侧“新建图层”按钮，然后双击图层名称进行重命名，各图层名称如图 1.9 所示。

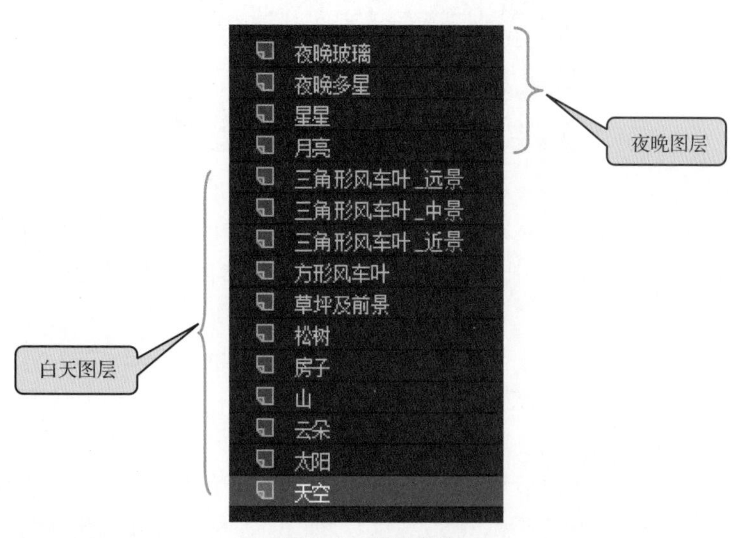

图 1.9 图层名称

2. 夜晚风景所需图层的创建

对夜晚新增加的景物需要创建 4 个图层。单击时间轴左侧“新建图层”按钮，然后双击图层名称进行重命名，夜晚新增图层名称如图 1.9 所示。

注意： 为了提高操作的准确性，单击时间轴左侧上方的“图层锁定”按钮，将所有图层暂时锁定。

1.3.3 白天所用元件的绘制

1. 天空元件

① 解锁“天空”图层，在舞台上绘制任意大小和颜色的矩形（不要边框）。然后利用属性面板将其大小设置为宽 800、高 600，坐标（0，0），使所创建的天空和舞台大小及位置进行匹配。

② 打开颜色面板，如图 1.10 所示。选中天空矩形，设置其填充方式为“线性渐变”，两个渐变色标的 RGB（R、G、B 分别为红色、绿色、蓝色）值分别为（0 105 255）和（93 226 255）。单击渐变变形工具（快捷键【F】）调整填充颜色的方向为上下渐变（或用颜料桶工具直接上下拖动填充）。

在这里说明一下，本书中所提到的颜色均为 RGB 模式，其中的 3 个数值可简化表示为（0 105 255）。

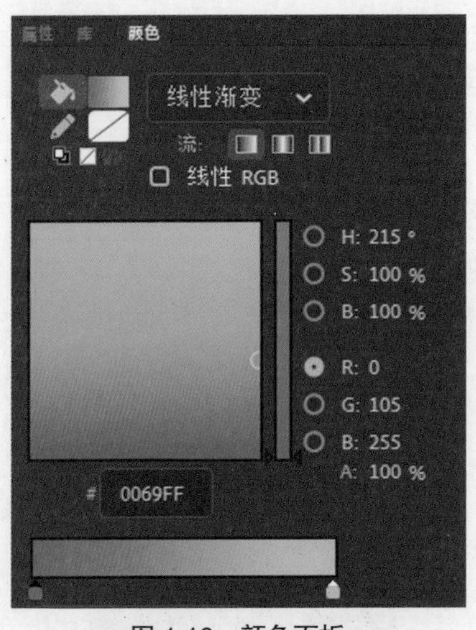

图 1.10　颜色面板

③ 选中天空矩形，选择右击该矩形弹出快捷菜单中的命令“转换为元件 | 图形元件”，将元件名称改为“天空 - 元件”，单击“确定”按钮，完成图形向元件的转换。最后再次锁定“天空”图层。

2. 太阳元件

① 解锁“太阳”图层，单击椭圆工具（快捷键【O】），按住【Shift】键拖曳鼠标，在舞台中央创建一个宽和高均为 100 的正圆，将其边框笔触删掉。

② 选中正圆，在颜色面板设置其填充方式为“径向渐变”，如图 1.11 所示。3 个渐变色分别为（255 0 0）、（255 109 0）和（255 204 0）。将最外侧颜色的透明度调节为 0%，填充后的太阳颜色效果如图 1.12 所示。

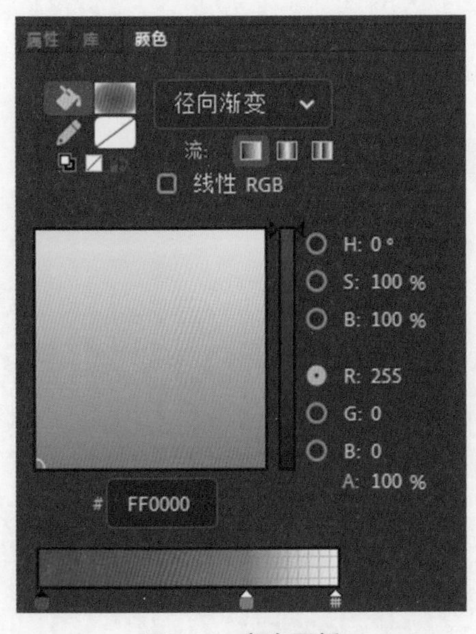

图 1.11　颜色面板

图 1.12　太阳颜色效果

③ 选中正圆图形，将其转换为图形元件，元件名称改为“太阳 - 元件”。最后再次锁定“太阳”图层。

3. 山元件

① 解锁“山”图层，选择铅笔工具或按组合键【Shift+Y】，然后在属性面板将铅笔笔触改为“平滑”。画出山体上部的起伏线条，再用线条工具（快捷键【N】）绘制山体两侧和底边线段，使其与上方的线条合成一个封闭的轮廓线，如图 1.13 所示。

② 打开颜色面板，将山体填充为上下线性渐变颜色，其中两个渐变色标分别为（51 46 145）和（67 175 93）。然后双击山体的外边框线，按【Delete】键进行删除，如图 1.14 所示。

③ 选中山体图形，将其转换为图形元件，将元件名称改为“山体 – 元件”。最后再次锁定“山”图层。

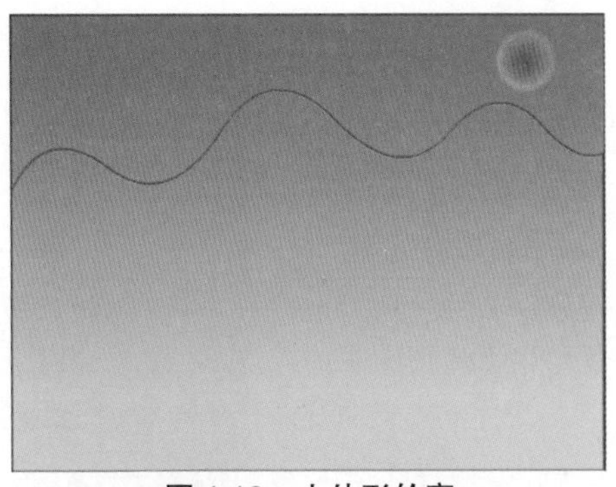

图 1.13　山外形轮廓

图 1.14　山的效果

4. 草坪及前景元件

解锁“草坪及前景”图层，这个图层包含的元件比较多，包括草坪、小路、树、花、椭圆草、风车杆、石堆等。为了节省图层，我们把草坪及其上的静态物体放在一个图层。

（1）草坪元件

- 使用线条工具绘制 4 条直线，然后利用选择工具将直线调成曲线，并用线条工具将草坪外轮廓封闭，如图 1.15 所示。
- 打开颜色面板，对每块草坪进行线性渐变颜色填充，从左到右，每块草皮黄绿渐变色标分别为（51 204 0）、（0 204 102）；（51 204 0）、（147 208 60）；（51 204 0）、（102 255 102）；（51 153 0）、（51 153 102），按图 1.16 所示完成草坪的填充。

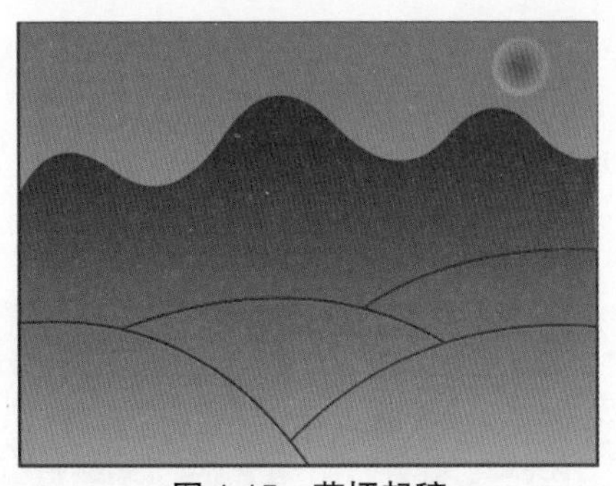

图 1.15　草坪起稿

图 1.16　草坪填充效果

- 将草坪轮廓线删除，然后将其转换成图形元件“草坪 – 元件”。

（2）小路元件

- 利用线段工具绘制并调整小路的外形。然后对其进行纯色填充，颜色为（254 243 208）小路的效果如图 1.17 所示。

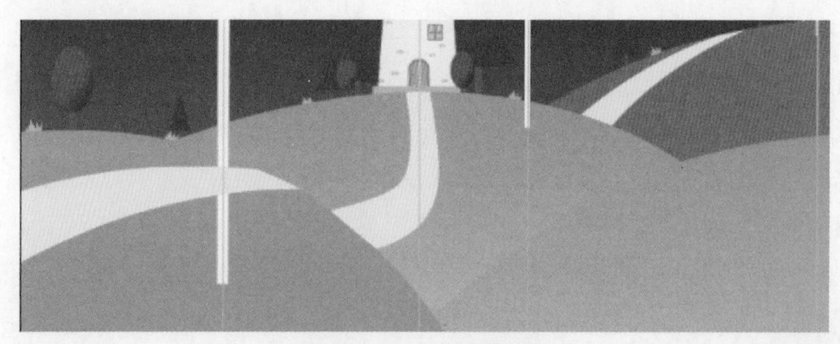

图 1.17　小路的效果

• 将小路轮廓线删除，然后将其转换成图形元件“小路 - 元件”。

（3）椭圆树元件

• 使用矩形工具和椭圆工具绘制椭圆树的外形，并对树冠进行绿色径向渐变填充，三个渐变色标分别为（64 126 40）、（64 126 40）、（31 93 7），树干的填充色为（145 99 50），树的外观颜色如图 1.18 所示。

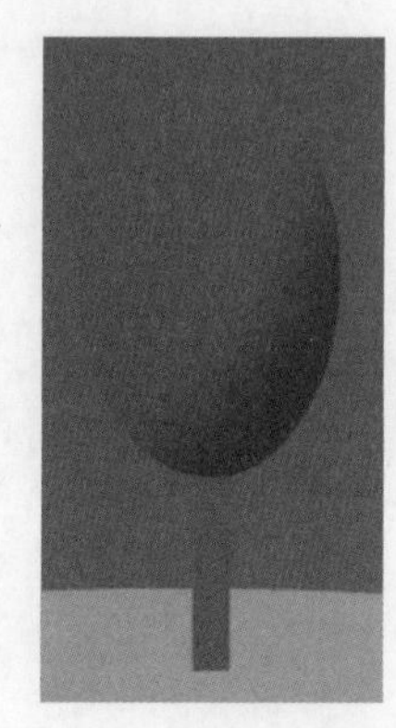

图 1.18　树的外观颜色

• 删除椭圆树的外轮廓线，然后将其转换成图形元件“椭圆树 - 元件”。
• 复制多个椭圆树，并进行缩放，然后按照案例效果摆放在不同的位置（可以调整该元件与其他对象的叠放顺序）。

（4）花元件

• 使用线段工具和椭圆工具绘制花的大致形状，然后使用选择工具调整好花的外形，如图 1.19 所示。
• 对花进行颜色填充，花 1 的颜色为（250 116 21）、（229 244 83）、（65 116 0），花 2 的颜色为（8 206 216）、（229 244 83）、（65 116 0），花 3 的颜色为（281 125 84）、（255 237 114）、（65 116 0），花 4 的颜色为（255 102 204）、（255 237 114）、（65 116 0）。
• 将所有花的外轮廓线删除，然后分别转换成图形元件“花 1- 元件”“花 2- 元件”“花 3- 元件”和“花 4- 元件”。
• 按照案例效果摆放在不同的位置（可以调整该元件与其他对象的叠放顺序）。

（5）草元件

• 使用线段工具绘制草的大致形状，然后调整其外观并填充颜色，颜色为（153 255 0），如图 1.20 所示。

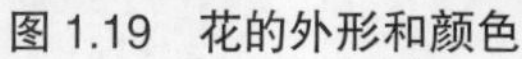

图 1.19　花的外形和颜色

图 1.20　草的颜色

• 将其轮廓线条删除，并转换成图形元件“草 - 元件”。按照案例效果摆放在不同的位置（可以调整该元件与其他对象的叠放顺序）。

（6）风车杆元件

- 使用矩形工具绘制风车杆的外形，并填充白色。
- 将其转换成图形元件“风车杆 – 元件”，并按照案例效果摆放在不同的位置（可以调整该元件与其他对象的叠放顺序）。

（7）石堆元件

- 使用椭圆工具绘制石头的大致形状，然后调整其外观并填充颜色。石堆 1 的颜色为（192 192 156）、（175 184 159），石堆 2 的颜色为（140 147 127）、（166 159 149），石堆 1 和石堆 2 的效果如图 1.21 所示。

图 1.21　石堆 1 和石堆 2 的效果

- 将两个石堆的外轮廓线删除，然后分别转换成图形元件“石堆 1– 元件”和“石堆 2– 元件”。
- 按照案例效果摆放在不同的位置（可以调整该元件与其他对象的叠放顺序）。

5. 松树元件

① 解锁“松树”图层，使用线段工具和矩形工具绘制松树的外形，并进行色彩的填充，树叶和树干的颜色分别为（0 102 51）和（145 99 50），如图 1.22 所示。

图 1.22　松树的外形和颜色

② 删除松树的外轮廓线，然后将其转换成图形元件“松树 – 元件”。

③ 复制多个松树，并进行缩放，然后按照案例效果摆放在不同的位置（可以调整该元件与其他对象的叠放顺序），并再次锁定该图层。

6. 房子元件

① 解锁“房子”图层，使用矩形和椭圆等工具在舞台上绘制房子外形。其中多个圆角矩形需要用图形工具中隐含的“基本矩形工具”来绘制，并用鼠标调整矩形的圆角大小，房子的外形和颜色如图 1.23 所示。

② 按图 1.23 中标出的颜色，对房子的各部分进行颜色填充。

③ 将房子轮廓线删除，并将其转换为图形元件“房子－元件”，再次锁定该图层。

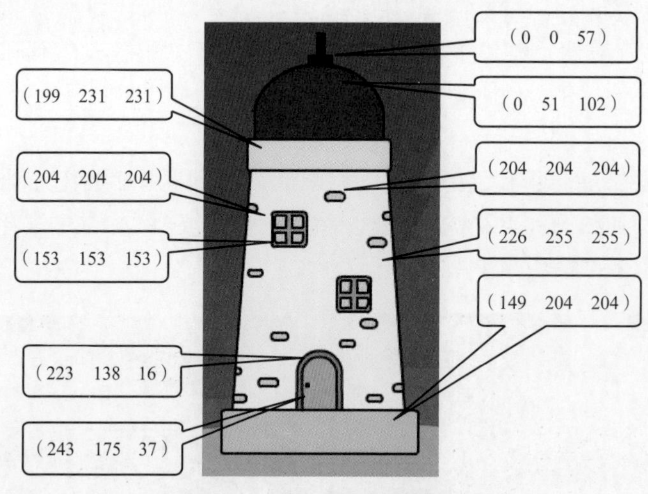

图 1.23　房子的外形和颜色

7. 方形风车叶元件

① 解锁“方形风车叶”图层，风车叶外观如图 1.24 所示，使用矩形工具和椭圆工具绘制一个方形风车叶的外形，并按图中提示填充相应的颜色。

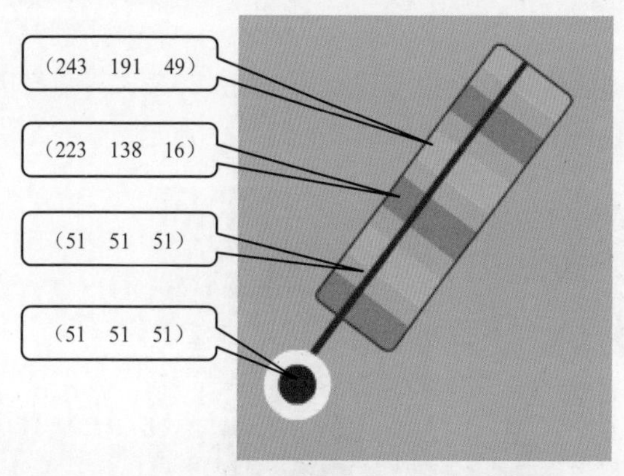

图 1.24　风车叶外观

② 选中画好的叶片，单击工具箱中的任意变形工具，并用鼠标将任意变形工具的中心点拖到叶片的中心轴位置，如图 1.25 所示。

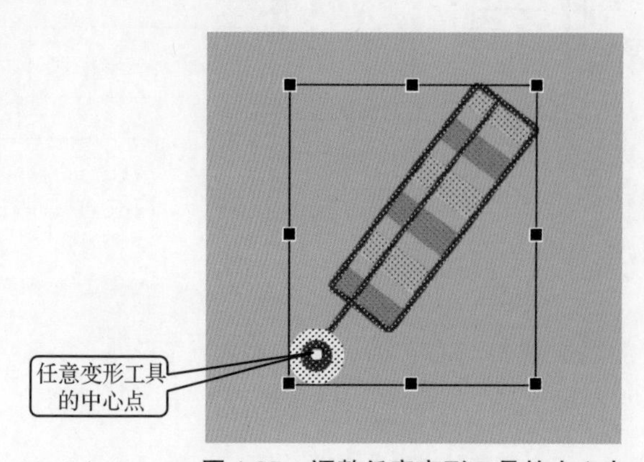

图 1.25　调整任意变形工具的中心点

③ 选择菜单中的命令“窗口 | 变形”（或按组合键【Ctrl+T】），并调出变形面板，如图 1.26 所示，选择“旋转”，并设置角度为 90°，然后按【Enter】键，完成一次 90° 的旋转。接着连续 3 次单击该面板右下方的“重置选区和变形”按钮，3 个分别相差 90° 的叶片就复制完成了，如图 1.27 所示。

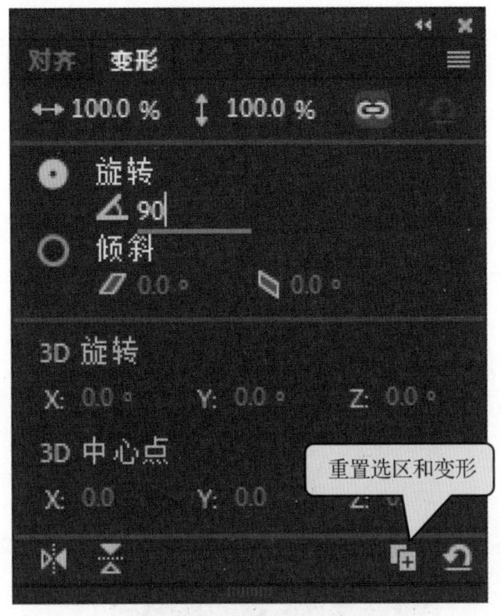

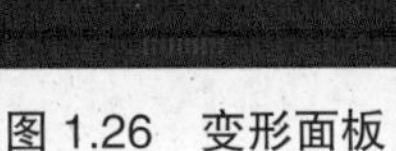
图 1.26　变形面板

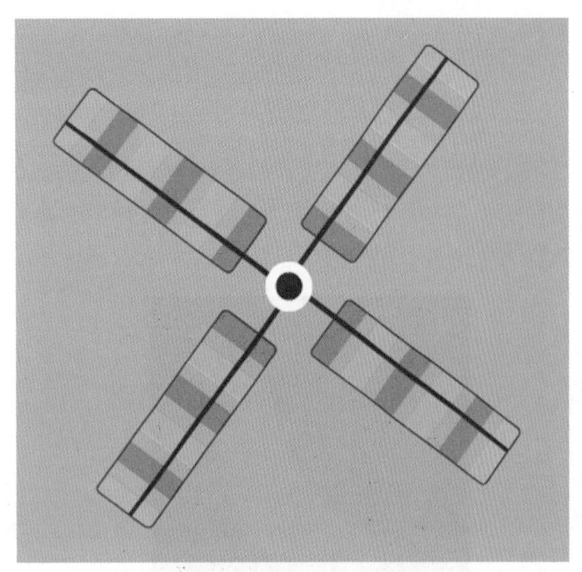
图 1.27　风车叶外观

④ 选中全部风车叶，转换为图形元件“方形风车叶 – 元件”，然后按照案例效果摆放好位置，并再次锁定该图层。

8. 三角形风车叶元件

① 解锁“三角形风车叶 _ 近景”图层，选择多角星形工具，同时在属性面板选择“工具设置 | 样式 | 星形”，设置星形边数为 3，星形顶点大小为 0.3，然后在舞台绘制三角形风车叶，将它的颜色填充为白色。

② 删除风车叶的外轮廓线。将三角形风车叶转换为图形元件“三角形风车叶 – 元件”，然后锁定该图层。

③ 分别解锁“三角形风车叶 _ 中景”图层，从库面板中拖出“三角形风车叶 – 元件”，适当缩放后按照案例效果摆放好位置，并锁定该图层。

④ 同理，把 “三角形风车叶 _ 远景”图层的风车叶也调整好，并锁定该图层。

9. 云朵元件

① 解锁“云朵”图层，使用基本矩形工具和线段工具，按照图 1.29 绘制云朵的外形。

② 选中所绘制的云朵，打开颜色面板，选择填充方式为“线性渐变”，渐变填充的三个色标颜色分别为（255 255 255）、（255 255 255）和（255 255 255），透明度分别为 100%、80%、0%。

③ 删除云朵的外轮廓线，将云朵转换为图形元件“云朵 – 元件”。按照案例效果摆放好位置，并再次锁定该图层。

1.3.4 夜晚新增元件的绘制

1. 月亮元件

① 解锁“月亮”图层，月亮外观如图 1.28 所示，使用椭圆工具和线段工具绘制月亮外形，然后利用颜色面板进行黄色填充（247 205 8）。

② 删除月亮的外轮廓线。将其转换为图形元件“月亮－元件”。按照案例效果摆放好位置，并再次锁定该图层。

2. 星星元件

① 解锁“星星”图层，选择多角星形工具，同时在属性面板选择“工具设置 | 样式 | 星形”，设置星形边数为 4，星形顶点大小为 0.3，然后在舞台绘制四角星星，并进行黄色填充（247 205 8），星星外观如图 1.29 所示。

图 1.28 月亮外观

图 1.29 星星外观

② 选中星星，将其转换为图形元件“星星－元件”，按照案例效果摆放好位置，并再次锁定该图层。

③ 解锁“夜晚多星”图层，复制多个星星实例，进行适当缩放，然后按照案例效果摆放好位置，并再次锁定该图层。

3. 夜晚窗户玻璃元件

① 解锁“夜晚玻璃”图层，将“房子－元件”从右侧的库面板中拖到舞台上，按组合键【Ctrl+B】使元件实例分离成图形，然后只保留窗口的玻璃部分，将其他部分选中后删除。

② 选中 4 块玻璃，并进行浅黄色填充（247 205 8）。

③ 将 4 块玻璃选中，转换成图形元件“玻璃－元件”，按照案例效果摆放好位置，并再次锁定该图层。

1.3.5 动画效果的制作

1. 白天淡入效果的制作

① 先将夜晚对象的图层锁定并隐藏，再将白天的所有图层解锁。

② 按住【Shift】键，同时选中所有白天图层的第 1 帧，选择右击后弹出快捷菜单中的命令“创建传统补间”。

③ 在时间轴第 30 帧处选择所有图层的帧，选择右击后弹出快捷菜单中的命令“插入关键帧”（按【F6】键）。

④ 再次选择所有图层的第 1 帧，单击此帧舞台上的对象，然后在属性面板“色彩效果 | 样

式 | 亮度”中将数值设置为 -88%。

⑤ 按【Enter】键，在舞台上可看到整个白天场景以淡入的效果呈现出来。

2. 太阳移动效果的制作

① 在所有的白天图层第 280 帧处按【F5】键插入帧，然后锁定除“太阳”图层外的其他白天的图层。

② 在“太阳”图层的第 110 帧处按【F6】键插入关键帧，放大并移动太阳的位置，如图 1.29 所示。

③ 在第 130 帧处按【F6】键插入关键帧，此时场景未发生任何变化，只是令太阳在此停留一段时间。

④ 在第 280 帧处按【F6】键插入关键帧，缩小并移动太阳的位置，让山遮盖住大部分太阳，如图 1.30 所示。

⑤ 按【Enter】键，在舞台上可看到太阳移动的效果，锁定太阳图层。

3. 云朵移动效果的制作

① 锁定除“云朵”图层外的其他白天的图层。

② 在第 280 帧处按【F6】键插入关键帧，将云朵的位置移动到舞台右侧，如图 1.30 所示。

第 1 和 30 帧

第 110 和 130 帧

第 280 帧

图 1.30　太阳的大小及位置和云朵的位置

③ 按【Enter】键，在舞台上可看到云朵移动的效果，锁定云朵图层。

4. 方形风车叶旋转效果的制作

① 锁定除“方形风车叶”图层外的其他白天的图层。

② 在第 280 帧处按【F6】键插入关键帧。

③ 选择第 30 关键帧，将右侧属性面板“旋转 | 顺时针”的旋转次数设置为 1。

④ 按【Enter】键，在舞台上可看到方形风车叶旋转的效果，锁定方形风车叶图层。

5. 三角形风车叶旋转效果的制作

① 锁定除“三角形风车叶 _ 近景”“三角形风车叶 _ 中景”和“三角形风车叶 _ 远景”图层外的其他白天的图层。

② 在这 3 个图层的第 280 帧处插入关键帧。

③ 选择这 3 个图层的第 30 关键帧，将右侧属性面板“旋转 | 顺时针”的旋转次数设置为 1。

④ 按【Enter】键，在舞台上可看到三角形风车叶旋转的效果，锁定 3 个三角形风车叶图层。

6. 日落变暗效果的制作

① 解锁所有白天的图层，在时间轴第 130 帧处给白天的图层均插入关键帧，并在此处将 4 个风车叶的“旋转”属性设置为“顺时针”1 次。

② 给在时间轴第 280 帧处没有关键帧的图层插入关键帧。

③ 选择所有白天图层的第 280 帧，单击此帧舞台上的对象，将右侧属性面板“色彩效果 | 样式 | 色调”的色调设置为 47%、R 为 0、G 为 0、B 为 51。

④ 按【Enter】键，在舞台上可看到整个白天场景中所有物体的颜色统一变暗。

7. 白天淡出效果的制作

① 解锁白天的所有图层，在时间轴第 310 帧处插入关键帧。

② 选择所有图层的第 310 帧，单击此帧舞台上的对象，然后在属性面板“色彩效果 | 样式 | 亮度”中将数值设置为 -88%。

③ 按【Enter】键，在舞台上可看到整个白天场景以淡出的效果结束。

8. 夜晚淡入效果的制作

① 解锁白天的所有图层，给它们在第 311 帧处按【F6】键插入关键帧，然后将此帧太阳图层中的太阳实例删除（此帧变为空白关键帧），锁定太阳图层。

② 解锁夜晚对象的图层（包括月亮、星星、夜晚多星及夜晚玻璃），将这些图层的第 1 帧拖动到第 311 帧（第 1 帧变为空白关键帧），同时选中这 4 个图层的第 311 帧，选择右击后弹出快捷菜单中的命令“创建传统补间”。然后按图 1.31 所示，调整月亮、星星及云朵的位置。

第 311 帧

第 441 帧

第 591 帧

图 1.31 月亮、星星及云朵的信息

③ 同时选择除太阳之外的所有图层的第 341 帧，按【F6】键插入关键帧。然后单击第 311 帧处舞台上的对象，在属性面板“色彩效果 | 样式 | 亮度”中将数值设置为 -88%。

④ 按【Enter】键，在舞台上可看到整个夜晚场景以淡入的效果呈现出来。

⑤ 为了使夜晚舞台上景色效果更好，在时间轴第 341 帧处，通过属性面板的“色彩效果 / 样式 / 色调”，将各个对象设置成不同的色调，如表 1.2 所示。

表 1.2 夜晚景色各个对象的色调值

图层名称	色调的着色量	参数值（RGB）
天空、云	57%	（0 0 0）
山	61%	（0 0 51）
方形风车叶	73%	（51 51 0）
三角形风车叶	50%	（102 102 102）
房子	61%	（0 0 51）
草坪及前景	50%	（51 51 51）
松树	75%	（51 51 51）

9. 月亮及云朵移动效果的制作

① 同时选择除太阳之外所有图层的第 591 帧，按【F6】键插入关键帧，然后锁定除“月亮”和“云朵”图层外的其他图层。

② 在这两个图层的第 421 帧处按【F6】键插入关键帧，放大并移动月亮和云朵的位置，如图 1.30 所示。

③ 在第 441 帧处按【F6】键插入关键帧，此时场景未发生任何变化，只是月亮和云朵在此停留一段时间。

④ 在第 591 帧处缩小并移动月亮和云朵的位置，让山遮盖住大部分月亮，如图 1.31 所示。

⑤ 按【Enter】键，在舞台上可看到月亮和云朵移动的效果，锁定“月亮”和“云朵”图层。

10. 星星闪烁效果的制作

① 解锁“星星”图层，分别在第 383、418、427、436、488、539 帧处按【F6】键插入关键帧，然后将第 418 帧在属性面板“色彩效果 | 样式 |Alpha”中的数值设置为 95%；将第 427 帧的“色彩效果 | 样式 | 亮度”中的数值设置为 24%；将第 383 和 488 帧的“色彩效果 | 样式 |Alpha”中的数值设置为 50%。最后将第 427 帧的星星适当放大。

② 按【Enter】键，在舞台上可看到星星闪烁的效果，锁定“星星”图层。

11. 夜晚多星闪烁效果的制作

① 解锁“夜晚多星”图层，分别在第 383、436、488、539 帧处按【F6】键插入关键帧，然后将第 383 和 488 帧在属性面板“色彩效果 | 样式 |Alpha”中的数值设置为 50%。

② 按【Enter】键，在舞台上可看到多星闪烁的效果，锁定“夜晚多星”图层。

12. 所有风车叶旋转效果的制作

① 分别解锁各个风车叶图层，在它们的第 341 帧处将右侧属性面板“旋转 | 顺时针”的旋转次数设置为 1。

② 按【Enter】键，在舞台上可看到所有风车叶旋转的效果，锁定所有风车叶图层。

13. 夜晚淡出效果的制作

① 解锁除太阳之外的所有图层，在它们的第 621 帧处插入关键帧。然后单击此帧舞台上的对象，再在属性面板“色彩效果 | 样式 | 色调”中设置其数值为 64%、R 为 0、G 为 0、B 为 21。

② 按【Enter】键，在舞台上可看到整个夜晚场景以淡出的效果显现并结束整个动画。

1.4 拓展训练

1.4.1 白天城市街道动画设计

1. 案例效果展示

白天城市街道动画设计效果展示，如图 1.32 所示。

2. 动画设计要求

① 舞台宽 800、高 600，帧速率为 24。

② 汽车在马路上行驶，且每辆汽车的行驶速度不同。

扫码观看
动画效果

图 1.32　白天城市街道动画截图

③ 太阳、云和飞机在天空中以不同的速度“移动”，且在移动过程中有大小的渐变。

④ 交通指示灯的绿灯有发光效果。

⑤ 动画需添加淡入、淡出效果。

3．要点提示

① 太阳、云、飞机、汽车等元件需创建传统补间动画。

② 绿灯的发光效果可通过属性面板中滤镜的“发光”选项进行设置。

注意：使用滤镜的前提条件是对象必须是影片剪辑元件。

1.4.2　夜晚海岸动画设计

1．案例效果展示

夜晚海岸动画设计效果展示，如图 1.33 所示。

扫码观看
动画效果

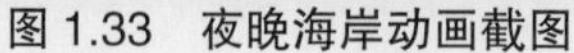
图 1.33　夜晚海岸动画截图

2．动画设计要求

① 舞台宽 800、高 600，帧速率为 24。

② 月亮、灯塔、货轮和帆船在水面上要有倒影。

③ 货轮和帆船的行驶速度不同，每只海鸥的飞行方向和速度不同。

④ 灯光、月亮及倒影要有大小、方向、透明度的变化。

⑤ 动画需添加淡入、淡出效果。

3．要点提示

① 月亮、云、海鸥、货轮、帆船、灯光及相关倒影等元件需创建传统补间动画。

② 光的填充应该是线性渐变填充，且外侧色标的透明度为 0%。

③ 灯光和月光需在属性面板中滤镜下添加模糊和发光效果。

工作任务 2

“春节快乐”网站庆典动画设计

影片剪辑元件的创建与调用 -1

影片剪辑元件的创建与调用 -2

补间形状动画的制作

2.1 案例引入

利用 An 软件制作二维动画的效率是比较高的，其奥妙就在于许多动画是通过补间生成的，即两个关键帧之间由软件经过计算自动生成中间各帧，使画面从前一关键帧状态平滑过渡到下一关键帧状态。在 An 软件中常用的补间是动作补间和形状补间。

“春节快乐”网站庆典动画设计案例就是利用形状补间来设计和制作的，它有室内和室外两个部分的动画。

2.1.1 案例展示截图与动画二维码

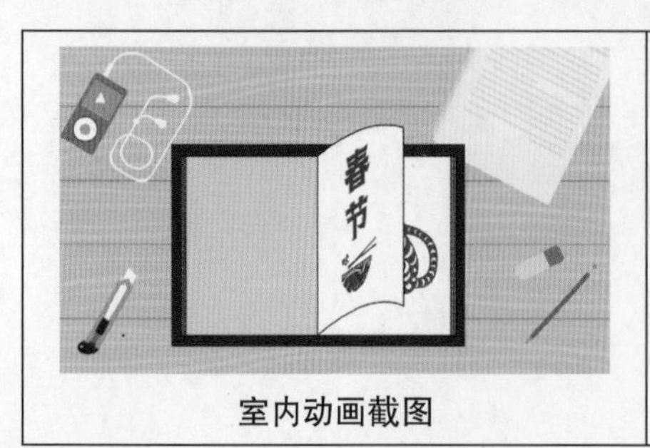

室内动画截图

室外动画截图

扫码观看动画效果

2.1.2 案例分析与说明

本案例选取春节这一节日庆典为主要内容，分为室内动画和室外动画两部分。

室内动画部分主要由静态的书桌和翻动的台历组成，台历一页一页翻动的效果需要运用 An 软件的形状补间来实现。

室外动画部分主要由静态的房屋、星空及动态的鞭炮、礼花和文字组成。其中鞭炮燃放、礼花升空和文字变换等动画效果也是运用 An 软件的形状补间来实现的。当然，根据动画效果的需要，像室内淡出、室外淡入及鞭炮的入场等动画效果还需要运用在昼夜交替的田园风景动画设计案例中学过的动作补间来实现。巩固前面学过的知识，引入新的知识，会使案例的综合性越来越强。

本案例主要有两个重点知识目标：一个目标是掌握“影片剪辑元件”的创建与使用方法，这种内部包含动画的元件一方面可使动画设计更加规范和高效，另一方面可使动画设计思路更加清晰、有序，即先创建元件（效果设计），后进行编排（时间、位置等设计）；另一个目标是掌握“创建形状补间”的方法和步骤，通过各类景物不同动画效果的制作，掌握 An 软件形状补间动画的创建方法和步骤，熟悉此类动画形式的独特及局限之处，同时，更好地与动作补间进行对比，从而将两类动画相互结合、取长补短，以实现各类复杂效果的动画设计。

2.2 知识探究

2.2.1 铅笔与画笔工具

绘制对象除了可以用图形工具之外，还可以用其他工具徒手绘制。能表现手绘特点的工具包括铅笔、传统画笔和流畅画笔。它们的功能和区别如表 2.1 所示。

表 2.1 铅笔与画笔的功能和区别

	铅笔	画笔	
		传统画笔	流畅画笔
属性特点	不论画什么线条，都是线条属性。拖曳其边缘时使整个线条变形 线条的整体变化	不论画什么线条，都是图形属性。拖曳其边缘时使图形变形 图形的局部变化	图形的局部变化

续表

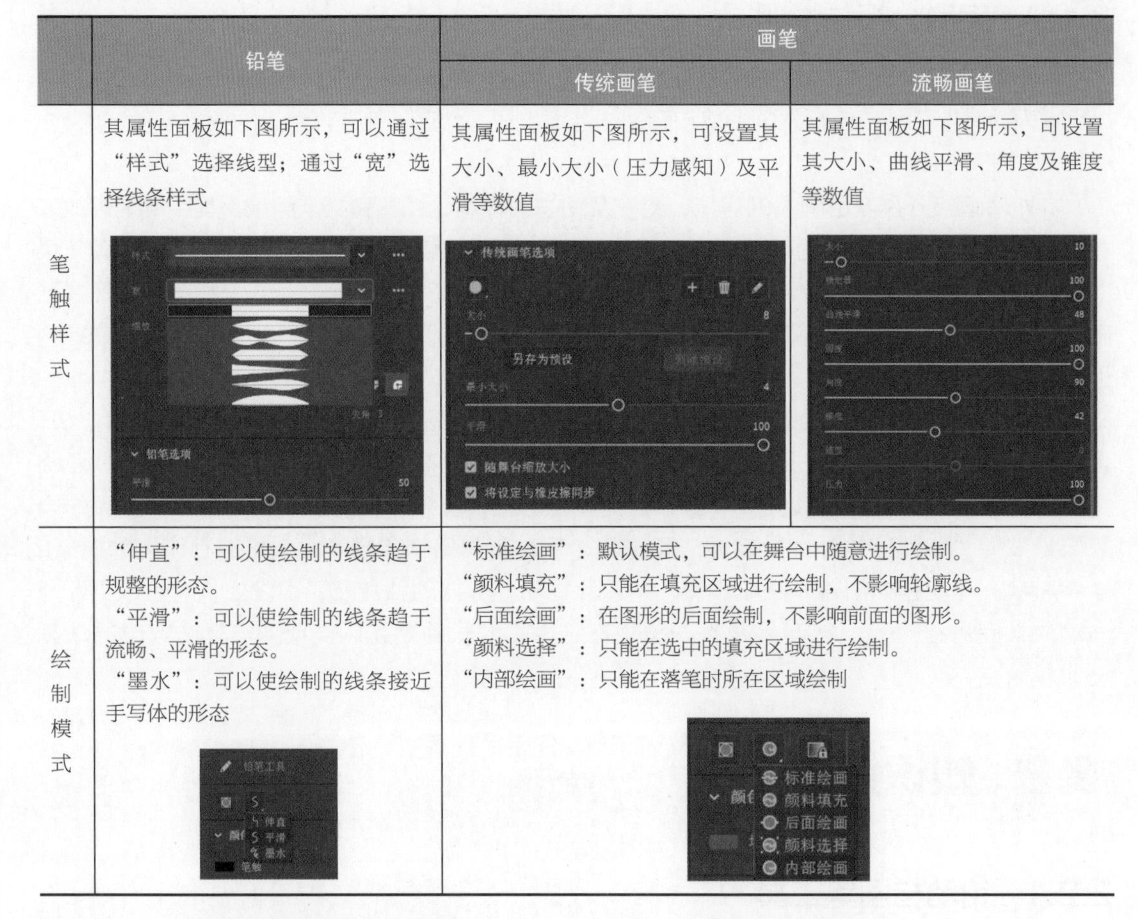

	铅笔	画笔	
		传统画笔	流畅画笔
笔触样式	其属性面板如下图所示，可以通过“样式”选择线型；通过“宽”选择线条样式	其属性面板如下图所示，可设置其大小、最小大小（压力感知）及平滑等数值	其属性面板如下图所示，可设置其大小、曲线平滑、角度及锥度等数值
绘制模式	“伸直”：可以使绘制的线条趋于规整的形态。 “平滑”：可以使绘制的线条趋于流畅、平滑的形态。 “墨水”：可以使绘制的线条接近手写体的形态	“标准绘画”：默认模式，可以在舞台中随意进行绘制。 “颜料填充”：只能在填充区域进行绘制，不影响轮廓线。 “后面绘画”：在图形的后面绘制，不影响前面的图形。 “颜料选择”：只能在选中的填充区域进行绘制。 “内部绘画”：只能在落笔时所在区域绘制	

2.2.2 文本工具及字形编辑

1. 文本工具

An 软件中的文本有 3 种类型：静态文本、动态文本和输入文本。其中，静态文本主要用于一些文字内容的显示，我们可以给它制作动画特效，也可以给它使用滤镜和进行特殊变形。而动态文本和输入文本主要用于一些交互类动画应用的文本输出和输入，如猜数游戏动画中，猜测的数据要通过设定的输入文本获取输入数据，不同的反馈文字要通过动态文本显示出来。这里我们重点讲解静态文本。

通过文本工具创建的静态文本可以使用属性面板进行颜色、大小、字体、方向及段落等内容的设置，也可以配合“文本”菜单中的选项对文本的样式、对齐及字母间距进行补充设置，如图 2.1 所示。

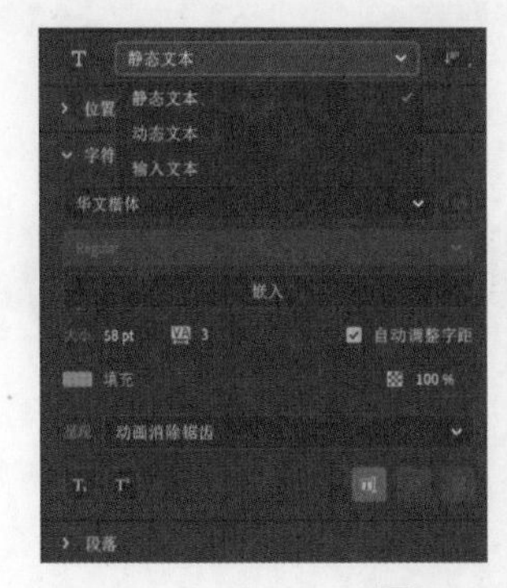

图 2.1 设置文本的面板和菜单

2. 字形编辑

当我们想把一个文本对象变成图形属性时，就需要将它打散（分离）。打散时一个字符按组合键【Ctrl+B】一次，多个字符按组合键【Ctrl+B】两次。

当我们想制作个性化的特殊文字效果时，就需要先将其打散，然后利用“选择工具”或部分“选取工具”对它进行变形，如图 2.2 所示。

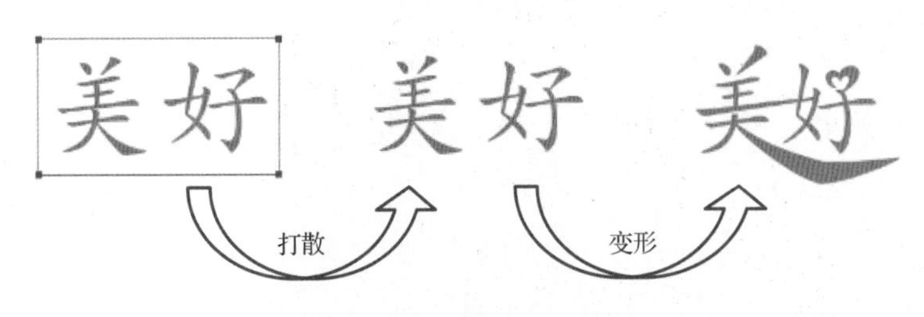

图 2.2　文字的打散及变形

2.2.3　对象绘制模式

前面提到过可以通过编组或转换为元件来使图形变得不“粘”、不“散”，这里我们介绍另一种方法，就是单击“对象绘制模式”按钮，使绘制的图形自动成为不“粘”、不“散”的绘制对象。我们选择任何一种绘制工具，属性面板都会显示这个按钮。表 2.2 是图形模式与对象绘制模式功能和特点的比较。

表 2.2　图形模式与对象绘制模式功能和特点的比较

	图形模式	对象绘制模式
按钮状态	没有单击属性面板中的“对象绘制模式”按钮 颜色和样式	单击了属性面板中的“对象绘制模式”按钮 对象绘制模式 颜色和样式
绘制后的外观		
属性名称	形状	绘制对象

2.2.4　发光和渐变发光滤镜

通过给对象添加滤镜可以丰富其视觉效果，也可以为添加滤镜的对象创建补间动画，并通过调整两个关键帧中的滤镜参数来实现滤镜变化的动画效果。An 软件中的滤镜只能应用在文本、按钮和影片剪辑对象上。当我们选中舞台上的这类对象时，属性面板便会有“滤镜”这一选项，可以单击该选项右侧的“添加滤镜”按钮，从下拉列表中选择要添加的滤镜。

1. 发光滤镜

发光滤镜参数选项和发光效果如图 2.3 所示，可以设置发光滤镜的模糊度、强度、颜色、品质和发光形式，然后为整个对象边缘应用颜色和模糊。可以通过单击右侧的“眼睛”按钮来启用或禁用此滤镜，单击其旁边的“垃圾桶”按钮来删除此滤镜。

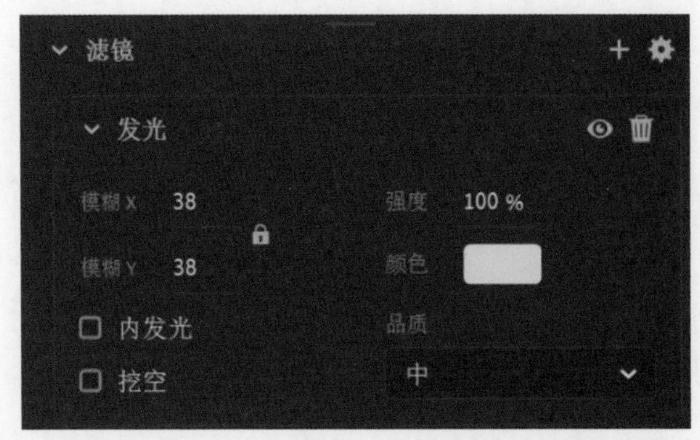

图 2.3 发光滤镜参数选项和发光效果

2. 渐变发光滤镜

渐变发光滤镜参数选项和渐变发光效果如图 2.4 所示，渐变发光滤镜除了与发光滤镜有一部分相同的参数外，还有角度、距离和渐变等参数。可以通过渐变色标来设置发光的渐变颜色，图 2.4 左侧图片中左侧色标为渐变的起始颜色，可以改变其颜色，但不能移动它，并且此颜色的 Alpha 值为 0；右侧色标为渐变的终止颜色，可以改变其颜色、透明度和位置。在色标轴的中间或右侧可以增加新的渐变色标，也可以删除多余的色标。

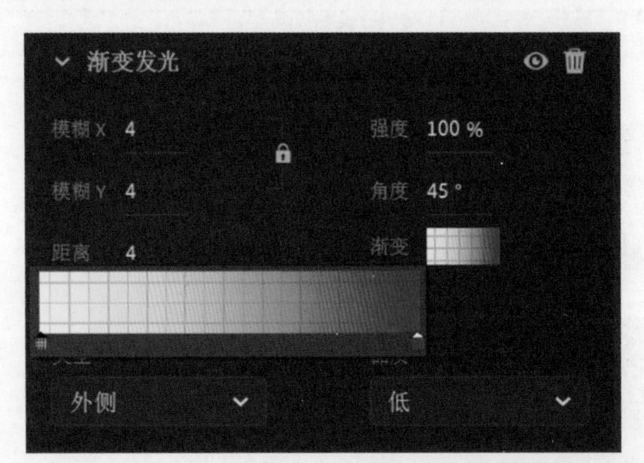

图 2.4 渐变发光滤镜参数选项和渐变发光效果

2.2.5 影片剪辑元件

1. 影片剪辑元件的特点

元件是 An 软件中一经创建便可以重复使用的对象，每个元件都有自己唯一的时间轴和编辑区域。当创建一个元件后，该元件会被存储在文件库中。将元件放在舞台上后，就会创建该元件的一个实例，也可以理解为它是该元件的一个副本。

我们这里重点介绍影片剪辑元件，它的特点是在应用到舞台场景中时，不受时间轴上占用帧的长度限制，也就是说影片剪辑元件被拖入舞台后只要有一个关键帧就可以使该元件的实例在主影片中循环播放。影片剪辑元件中设计的动画相当于舞台主影片中的一个影片片段。

2. 元件的调用

将元件从文件库中拖到舞台就实现了对元件的调用，且可以根据不同的外观需要，对拖入舞台的实例进行倾斜、旋转或缩放等操作；也可以通过属性面板对选中的实例进行色彩效果的编辑，包括亮度、色调、高级和 Alpha。这些编辑会使一个元件表现出多种多样的视觉效果，但并不影响元件本身。

3. 创建影片剪辑元件

An 软件中的元件有 3 种类型，分别是图形元件、影片剪辑元件和按钮元件。影片剪辑元件的创建方法是选择菜单中的命令“插入 | 新建元件”，在弹出的对话框中选择“影片剪辑元件”选项，单击“确定”按钮即进入元件自己的时间轴和编辑区域。

4. 转换为影片剪辑

如果想把一个在舞台创建好的影片片段转换成影片剪辑元件，可以通过以下 3 步来完成。

第一步：在时间轴点选中影片的第一个图层，再按住【Shift】键，单击最后一个图层，这样就选中了影片包含的多个图层。

第二步：在选中的图层上右击，选择弹出快捷菜单中的“剪切图层”命令。

第三步：插入一个新的影片剪辑元件，在其中的时间轴默认图层上右击，选择弹出快捷菜单中的“粘贴图层”命令，这样舞台上的影片片段就转换成了影片剪辑元件。

2.2.6 形状补间动画的制作

形状补间动画是让一种形状变化成另一种形状的动画，动画首尾两个关键帧中可以有图形、组、实例、位图图像和文字等对象，但无论是什么类型的对象，都需要将其打散成矢量图形，才能创建形状补间动画。

1. 形状补间动画的创建

形状补间动画的创建可以通过以下 3 步来完成。

第一步：在起始关键帧处的舞台上创建起始对象，并将其打散。

第二步：在时间轴预定处插入空白关键帧，然后在此帧中创建终止对象，并将其打散。

第三步：在首尾关键帧之间右击，选择弹出快捷菜单中的命令“创建补间形状”。

完成形状补间动画的创建后，可以按【Enter】键在舞台上预览动画效果，也可以按组合键【Ctrl+Enter】在播放器中预览动画循环播放效果。

2. 添加形状提示

形状补间动画中间的过渡效果有时不太理想，对于这种情况有 3 种解决的办法。

方法一：将复杂的图形简单化，把图形的各个局部分散到不同的图层，变成分图层、分局部的形状渐变，这样会改善形状补间动画的效果。

方法二：在首尾关键帧之间添加中间形状的关键帧，把首尾图形的渐变分解成起始图形到中间图形的形状渐变和中间图形到终止图形的形状渐变两部分，这样也会整体改善形状补间动画的效果。

方法三：在首关键帧选择菜单中的命令“修改 | 形状 | 添加形状提示”来添加形状提示，通常使用 26 个英文字母进行形状提示，这些字母会成对出现在首尾关键帧中，分别标记两个关键帧中对应的点。标记最好按逆时针顺序从左上角开始摆放。如果无法看到提示标记，可以选择菜单中的命令“视图 | 显示形状提示”。右击形状提示点，可以打开快捷菜单，利用该菜单可以继续添加提示或删除提示。

2.3 案例制作

2.3.1 新建文档

① 打开 An 软件，在“新建文档”对话框中选择“角色动画”“标准”“ActionScript 3.0”等，并手动设置舞台大小（宽 1280、高 720），然后单击“创建”铵钮直接进入 An 软件的工作界面。

② 利用属性面板将新文档的舞台背景颜色设置为白色。

2.3.2 制作元件

1. 室内静态景物元件的绘制

① 绘制音乐设备。音乐设备的外形和颜色如图 2.5 所示。使用椭圆工具和线条工具绘制音乐设备外形，并利用颜色面板进行纯色填充，其中颜色分别为（255 102 153）、（255 153 204）、（153 153 153）、（255 255 255）。删除音乐设备的外轮廓线，然后将其编组。

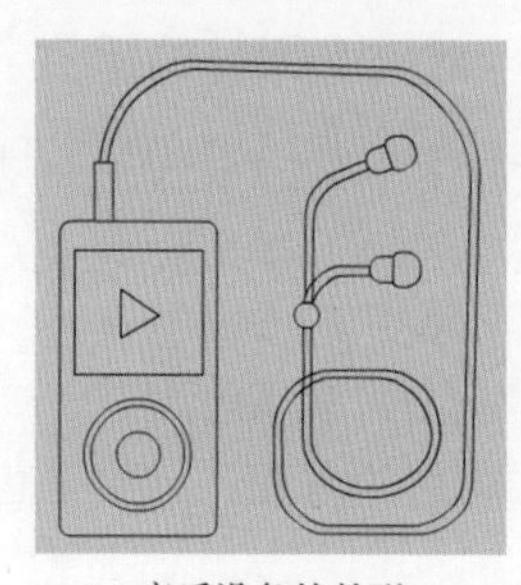

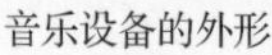

音乐设备的外形

音乐设备的颜色

图 2.5　音乐设备的外形和颜色

② 绘制美工刀。美工刀的外形和颜色如图 2.6 所示。使用椭圆工具和线条工具绘制美工刀外形，并利用颜色面板进行纯色填充，其中颜色分别为（255 255 255）、（110 161 168）、（28 45 51）、（81 113 123）、（51 51 51）、（28 45 51）。删除美工刀的外轮廓线，然后将其编组。

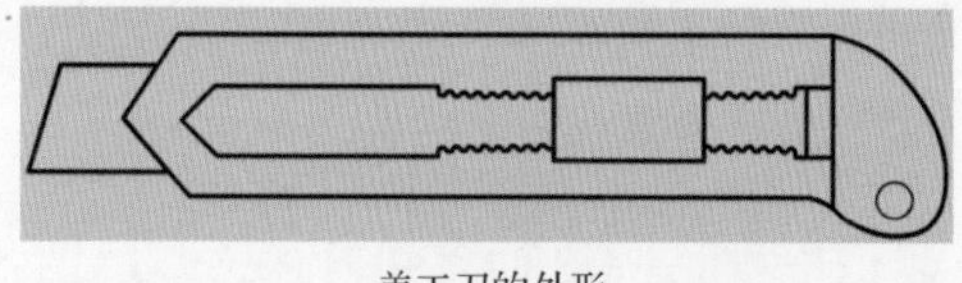

美工刀的外形

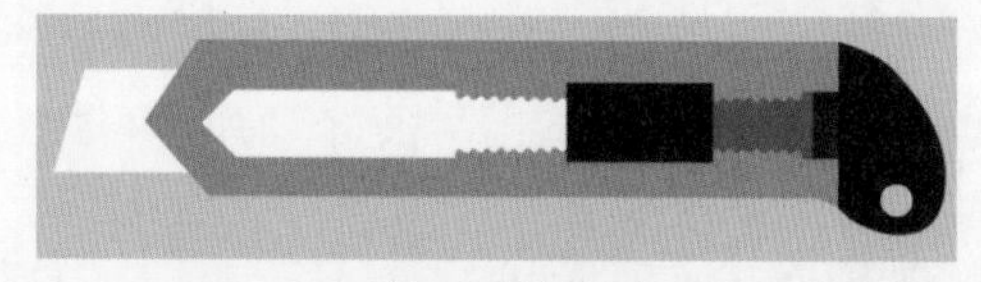

美工刀的颜色

图 2.6　美工刀的外形和颜色

③ 绘制橡皮擦。橡皮擦的外形和颜色如图 2.7 所示。使用线条工具绘制橡皮擦外形，并利用颜色面板进行纯色填充，其中颜色分别为（207 212 213）、（112 116 138）。删除橡皮擦的外轮廓线，然后将其编组。

橡皮擦的外形

橡皮擦的颜色

图 2.7　橡皮擦的外形和颜色

④ 绘制铅笔。铅笔的外形和颜色如图 2.8 所示。使用线条工具绘制铅笔外形，并利用颜色面板进行纯色填充，其中颜色分别为（51 51 51）、（186 147 111）、（255 102 0）、（210 219 217）、（186 177 167）、（193 137 178）。删除铅笔的外轮廓线，然后将其编组。

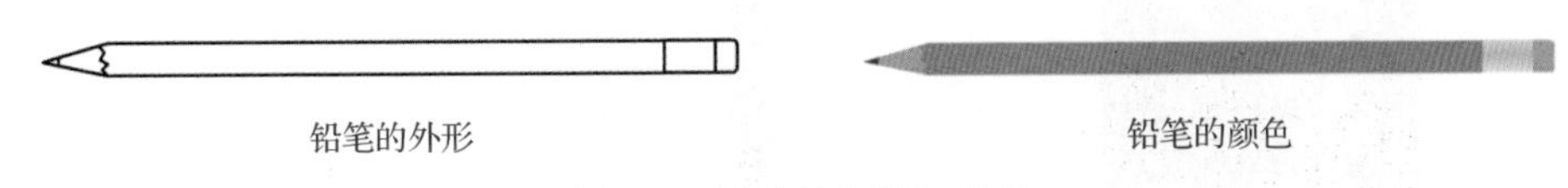

图 2.8　铅笔的外形和颜色

⑤ 绘制文件。文件的外形和颜色如图 2.9 所示。使用矩形工具绘制文件外形，并利用颜色面板进行纯色填充，其中颜色分别为（184 193 196）、（209 208 216）、（228 233 234）、（242 242 242）、（217 217 217）。删除文件的外轮廓线，然后将其编组。

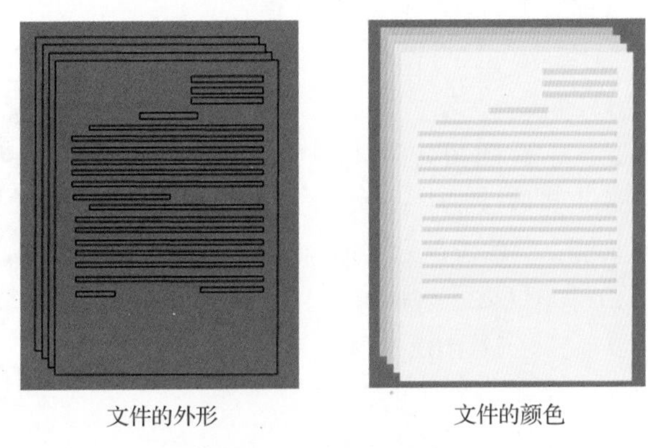

图 2.9　文件的外形和颜色

⑥ 绘制桌板。使用矩形工具和线条工具绘制桌板外形，并利用颜色面板进行纯色填充，其中颜色分别为（227 204 165）、（218 164 153）。删除桌板的外轮廓线，将其编组。然后将音乐设备、美工刀、铅笔、文件等依次放置在桌板上面，如图 2.10 所示，并框选所有对象将其转换成图形元件“书桌 – 元件”。

图 2.10　桌板

2. 台历翻动元件的制作

① 选择菜单中的命令“插入 | 新建元件”，在弹出的对话框中选择“影片剪辑元件”选项，将元件名称编辑为“台历 – 元件”，单击“确定”按钮进入元件编辑窗口。

② 在元件编辑窗口中，通过单击时间轴左侧的“新建图层”图标来创建新图层，如图 2.11 所示。共需创建 8 个图层来放置不同的对象，重命名各图层并锁定所有图层。

③ 解锁“底页”图层。使用矩形工具和线条工具绘制底页外形，并利用颜色面板进行纯色填充，其中颜色分别为（132 0 0）、（51 51 51）、（153 153 153）、（255 255 255），如图 2.12 所示。删除底页的外轮廓线，然后将其编组，再次锁定该图层。

图 2.11 创建新图层

图 2.12 底页

④ 解锁“鼠”图层，选择菜单中的命令“文件 | 导入 | 导入到舞台”，将素材“剪纸鼠 .GIF”图形导入舞台，如图 2.13 所示，再次锁定该图层。

图 2.13 导入舞台的剪纸鼠素材

⑤ 解锁“中秋”图层，中秋插图如图 2.14（a）所示，使用文本、矩形和线条工具等绘制中秋插图的外形，并利用颜色面板进行纯色填充，字体颜色为（255 0 0），插图颜色分别为（255 51 0）、（204 200 90）、（255 102 153）、（153 102 204）、（0 102 153）、（106 117 141）。删除中秋的外轮廓线，然后将其编组，再次锁定该图层。

⑥ 解锁“元旦”图层，元旦插图如图 2.14（b）所示，使用文本、矩形、椭圆和线条工具等绘制元旦插图的外形，并利用颜色面板进行纯色填充，字体颜色为（255 0 0），插图颜色为（255 0 0）、（255 204 102）。删除元旦的外轮廓线，然后将其编组，再次锁定该图层。

⑦ 解锁“春节”图层，春节插图如图 2.14（c）所示，使用文本、矩形和线条工具等绘制春节插图的外形，并利用颜色面板进行纯色填充，颜色均为（255 0 0）。删除春节的外轮廓线，然后将其编组，再次锁定该图层。

（a）中秋插图　（b）元旦插图　（c）春节插图

图 2.14 中秋、元旦、春节插图

⑧ 解锁“翻页 1”图层，用矩形工具绘制一个与“底页”右侧白纸一样大小的矩形，填充颜色为（255 255 255），边框颜色为（51 51 51），并将此图形分别复制到“翻页 2”和“翻页 3”图层，然后锁定这 3 个图层。

⑨ 将“中秋”“翻页 1”“元旦”及“底页”图层的元件放置在第 1 关键帧上不动，将“翻页 2”和“春节”图层的第 1 关键帧拖放到第 53 帧上，将“翻页 3”和“鼠”图层的第 1 关键帧拖放到第 76 帧上，并锁定所有图层。

⑩ 解锁“翻页 1”图层，在第 30 帧处按【F6】键插入关键帧，从这帧开始制作翻页效果的形状补间动画。在第 38 帧处插入关键帧，利用“选择工具”将矩形调整成图 2.15 中（b）的形状；在第 44 帧处插入关键帧，把形状调整成图 2.15（c）的形状；在第 50 帧处插入关键帧，把形状还原成图 2.15（d）中左侧矩形。然后在新插入的 4 个关键帧之间分别右击后选择弹出快捷菜单中的命令“创建形状补间”，3 段形状补间动画就完成了。解锁“中秋”图层，在第 31 ～ 41 帧依次插入 11 个关键帧，然后根据翻页的形状，利用“任意变形工具”逐个调整 11 个帧的中秋插图形状。“翻页 1”和“中秋”这两个图层共同完成一个翻页效果，锁定这两个图层。

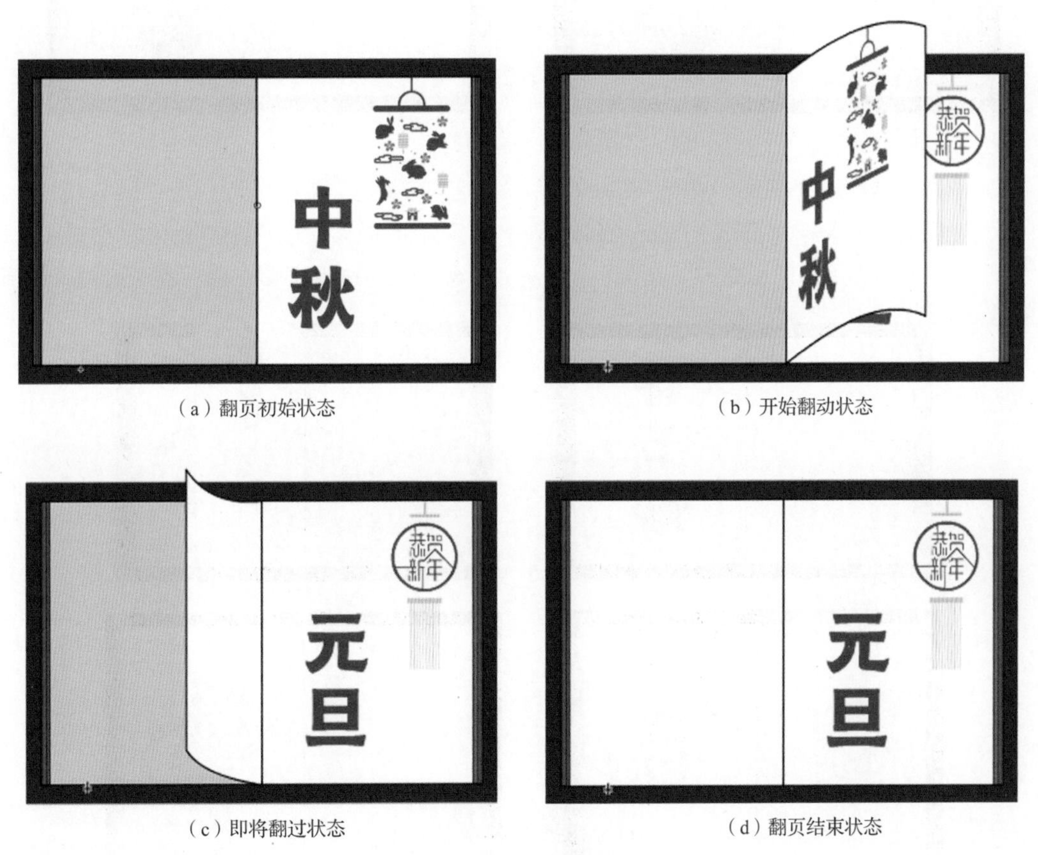

（a）翻页初始状态　（b）开始翻动状态

（c）即将翻过状态　（d）翻页结束状态

图 2.15　中秋翻页

⑪ 解锁“翻页 1”和“翻页 2”图层，在“翻页 1”图层选取第 30 ～ 50 帧这段，并从右击得到的快捷菜单中选择“复制帧”。然后在“翻页 2”的第 53 帧处从右击得到的快捷菜单中选择命令“粘贴帧”，完成翻页动画的复制。解锁“元旦”图层，在第 54 ～ 64 帧依次插入 11 个关键帧，然后根据图 2.16 所示翻页的形状，利用“任意变形工具”逐个调整 11 个帧的元旦插图形状。最后锁定这 3 个图层。

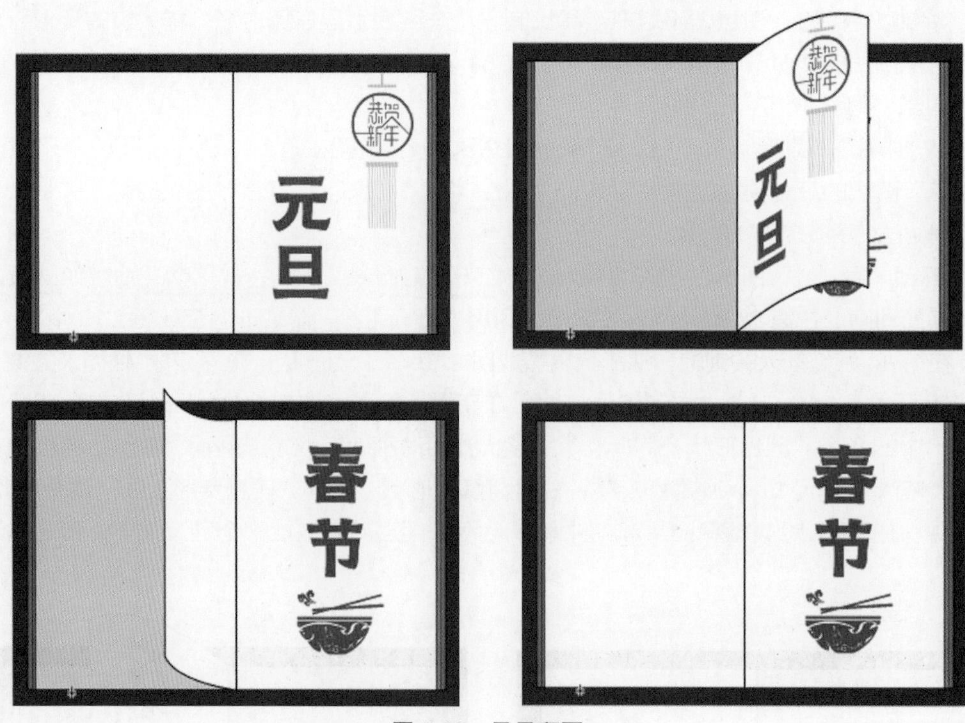

图 2.16　元旦翻页

⑫ 解锁“翻页 3”图层，在第 76 帧处从右击得到的快捷菜单中选择命令“粘贴帧”，完成翻页动画的复制。解锁“春节”图层，在第 77 ～ 87 帧依次插入 11 个关键帧，然后根据图 2.17 所示翻页的形状，利用“任意变形工具”逐个调整 11 个帧的春节插图形状。最后锁定这两个图层。

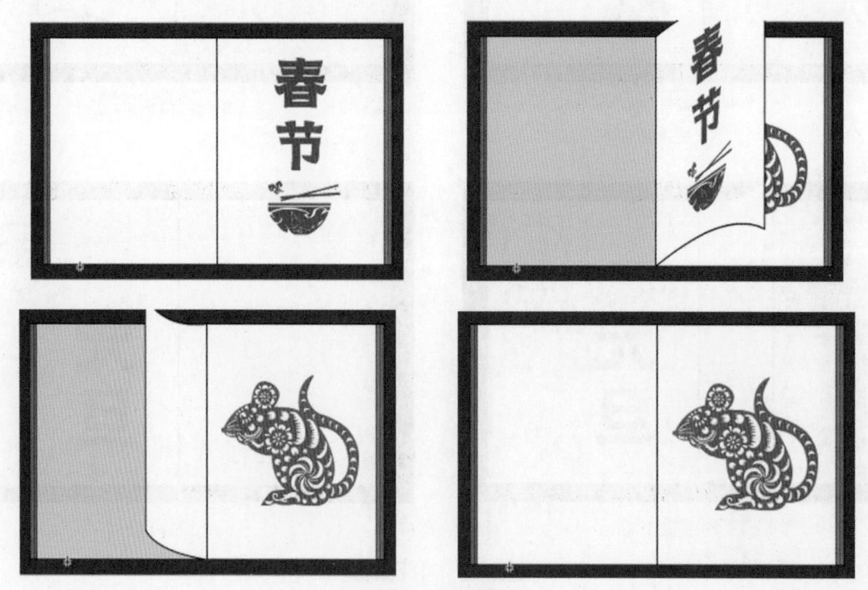

图 2.17　春节翻页

⑬ 在“鼠”和“底页”图层的第 135 帧处按【F5】键插入帧。到这里整个台历翻动的影片剪辑元件就制作完成了。

3．室外静态景物元件的绘制

① 选择菜单中的命令“插入 | 新建元件”，在弹出的对话框中选择“图形元件”选项，将元件名称编辑为“室外 – 元件”，单击“确定”按钮进入元件编辑窗口。

② 选择菜单中的命令"文件|导入|导入到舞台"，将素材"室外建筑"图形导入元件，如图2.18所示。

图 2.18　室外建筑素材

③ 继续在元件中绘制图 2.19 所示的树丛，使用椭圆和线条工具绘制树丛外形，并利用颜色面板进行纯色填充，颜色为（103 107 67）。删除树丛的外轮廓线，然后将其编组。

图 2.19　树丛

④ 继续在元件中绘制图 2.20 所示的地面，使用矩形和线条工具绘制地面外形，并利用颜色面板进行纯色填充，颜色为（206 153 81）、（255 189 102）。删除地面的外轮廓线，然后将其编组。

图 2.20　地面

⑤ 在元件中调整室外建筑、树丛及地面的叠放顺序，完成"室外－元件"的制作，效果如图2.21所示。

图 2.21　"室外－元件"的效果

4. 星空元件的绘制

① 绘制图 2.22 所示的星空，使用矩形工具绘制与舞台大小一样的天空，并填充渐变颜色为（0 58 119）、（73 163 255），删除不需要的外轮廓线，然后将其编组。

② 在舞台外侧使用多角星形工具绘制星星，填充颜色为（255 189 102）。删除不需要的外轮廓线，并将其编组。然后复制多个星星组，并适当调整它们的大小和位置，使它们布满天空。

③ 框选天空和所有星星，将其转换成图形元件“星空－元件”。

图 2.22　星空及星星

5．鞭炮燃放元件的制作

① 选择菜单中的命令“插入 | 新建元件”，在弹出的对话框中选择“影片剪辑元件”选项，将元件名称编辑为“鞭炮－元件”，单击“确定”按钮进入元件编辑窗口。

② 在此元件编辑窗口中，通过单击时间轴左侧的“新建图层”图标来创建新图层，图层设置及元件效果如图 2.23 所示，共需创建 7 个图层来放置不同的对象。重命名各图层并锁定所有图层。

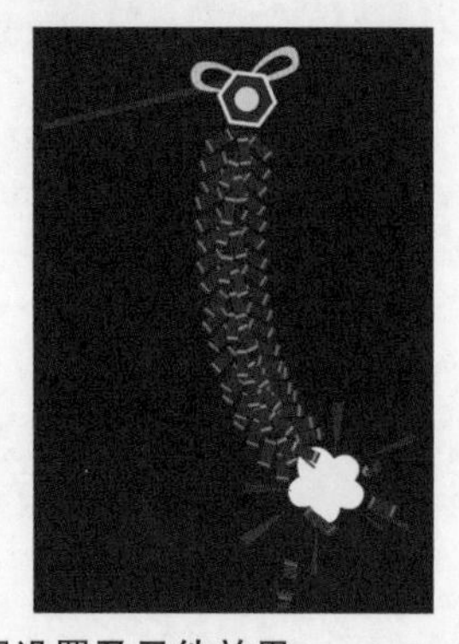

图 2.23　图层设置及元件效果

③ 解锁“挂炮”图层，挂炮及其局部如图 2.24 所示，使用矩形和线条工具绘制“挂炮”外形，填充颜色为（106 70 50）、（239 216 65）、（255 255 153）、（205 36 38）、（152 57 53）、（238 143 67）、（193 49 45）、（212 176 69），对每个部件进行编组，框选所有的组，再进行一次编组。然后在第 16 帧处按【F5】键插入帧。

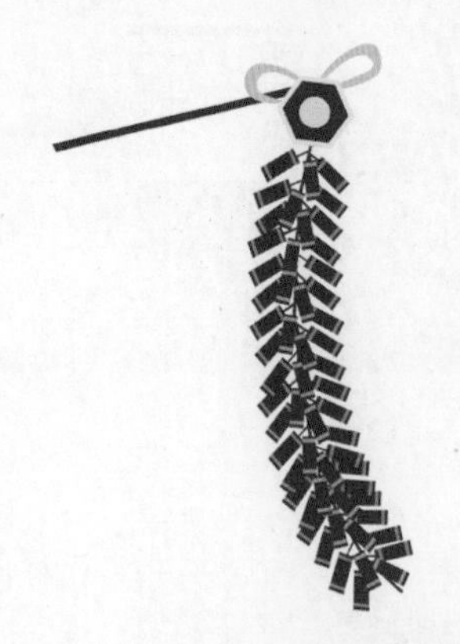

图 2.24　挂炮及其局部

④ 解锁“炮 1”图层，从“挂炮”图层中复制一个深红色的鞭炮，将其粘贴到本图层的第 1 帧中并把位置调整到鞭炮的底端。然后在第 4、8、11 帧处插入关键帧，并按图 2.25（a）所示打散鞭炮的位置并调整鞭炮逐渐炸开的 4 个状态，然后在关键帧之间右击，选择弹出快捷菜单中的命令“创建形状补间”，最后在第 14 帧处插入帧。

⑤ 解锁“炮 2”图层，在第 3 帧插入空白关键帧。然后从“挂炮”图层中复制一个深红色的鞭炮，将其粘贴到本图层的第 3 帧中并把位置调整到鞭炮的底端。在第 6、10、13 帧处也插入关键帧，按图 2.25（b）所示打散鞭炮的位置并调整鞭炮逐渐炸开的 4 个状态，然后在关键帧之间右击，选择弹出快捷菜单中的命令“创建形状补间”，最后在第 14 帧处插入帧。

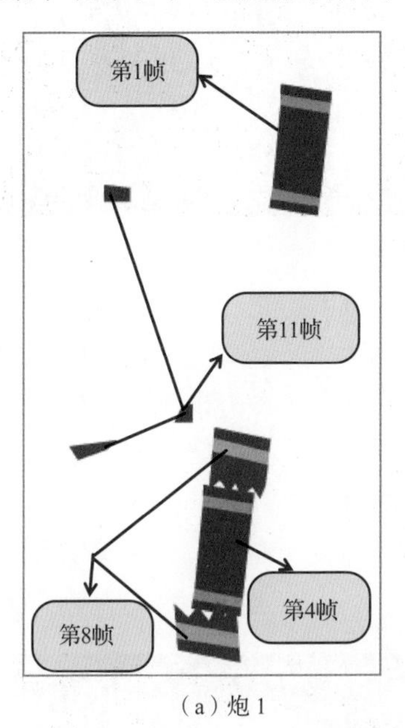

（a）炮 1

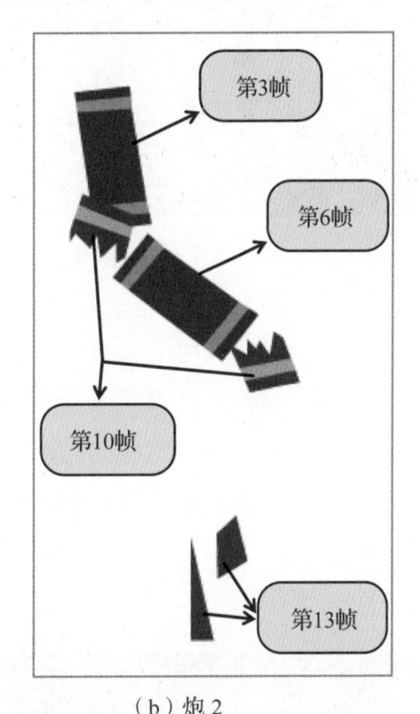

（b）炮 2

图 2.25　鞭炮炸开的 4 个状态和位置

⑥ 解锁“炮 3”图层，在第 4 帧插入空白关键帧。然后从“挂炮”图层中复制一个深红色的鞭炮，将其粘贴到本图层的第 4 帧中并把位置调整到鞭炮的底端。在第 7、11、14 帧处也插入关键帧，按图 2.26（a）所示打散鞭炮的位置并调整鞭炮逐渐炸开的 4 个状态，然后在关键帧之间右击，选择弹出快捷菜单中的命令“创建形状补间”。

⑦ 解锁“炮 4”图层，在第 2 帧插入空白关键帧。然后从“挂炮”图层中复制一个深红色的鞭炮，将其粘贴到本图层的第 2 帧中并把位置调整到鞭炮的底端。在第 5、9、12 帧处也插入关键帧，按图 2.26（b）所示打散鞭炮的位置并调整鞭炮逐渐炸开的 4 个状态，然后在关键帧之间右击，选择弹出快捷菜单中的命令“创建形状补间”，最后在第 14 帧处插入帧。

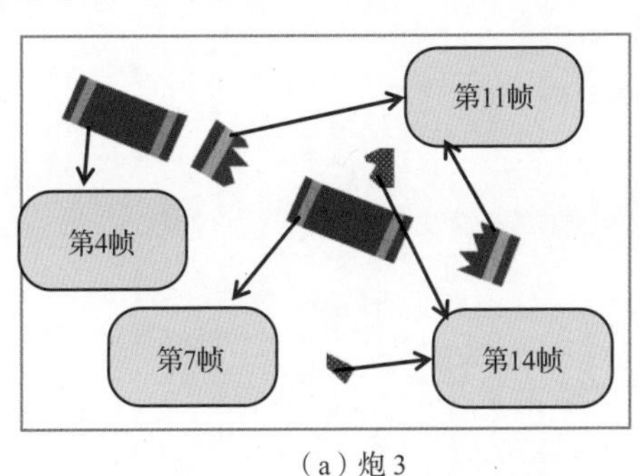

（a）炮 3

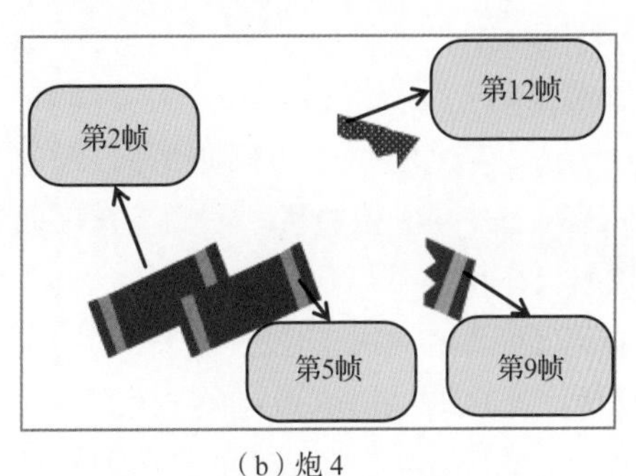

（b）炮 4

图 2.26　鞭炮炸开的 4 个状态和位置

⑧ 解锁“特效 1”图层，使用矩形和线条工具绘制图 2.27 所示的特效 1 的外形，填充颜色为（184 62 46），把它的位置调整到鞭炮的底端。在第 7 帧处插入关键帧，并将其中的图形进行中心点放大，然后在两个关键帧之间右击，选择弹出快捷菜单中的命令“创建形状补间”。

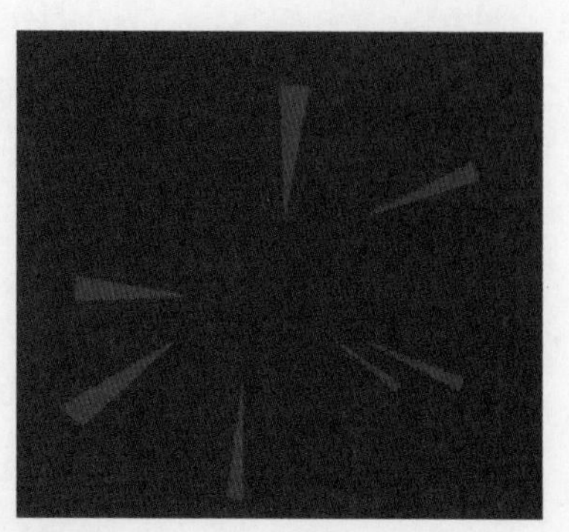

图 2.27 特效 1

⑨ 解锁“特效 2”图层，在第 5 帧处插入空白关键帧，然后使用椭圆工具在此帧绘制一个圆形，填充颜色为（255 255 255），如图 2.28 左侧图片所示，把它的位置调整到鞭炮的底端。在第 8 帧处也插入关键帧，使用椭圆工具绘制花朵的形状，填充颜色为白色，如图 2.28 右侧图片所示，也把它放到鞭炮的底端位置。然后在两个关键帧之间右击，选择弹出快捷菜单中的命令“创建形状补间”。接下来在第 9、12 帧处插入关键帧，在两个关键帧之间右击，选择弹出快捷菜单中的命令“创建传统补间”，单击第 12 帧舞台上的对象，并在属性面板“色彩效果 | 样式 |Alpha”中将数值设置为 0%。

图 2.28 特效 2

6. 礼花燃放元件的制作

① 选择菜单中的命令“插入 | 新建元件”，在弹出的对话框中选择“影片剪辑元件”选项，将元件名称编辑为“礼花 – 元件”，单击“确定”按钮进入元件编辑窗口。

② 在图层第 5、10、20 帧处插入关键帧，然后在第 1、5、10、20 帧处用传统画笔工具或其他工具绘制礼花燃放的几个不同状态，颜色为（241 178 10），如图 2.29 所示，并注意调整 4 个图形逐渐上升的位置关系。然后在这 3 段关键帧之间分别右击，选择弹出快捷菜单中的命令“创建形状补间”。

③ 在第 21 和 35 帧处插入关键帧，并在这两个关键帧之间右击，选择弹出快捷菜单中的命令“创建传统补间”，将第 35 帧的礼花放大，然后单击第 35 帧舞台上的对象，在属性面板“色彩效果 | 样式 |Alpha”中将数值设置为 0%。

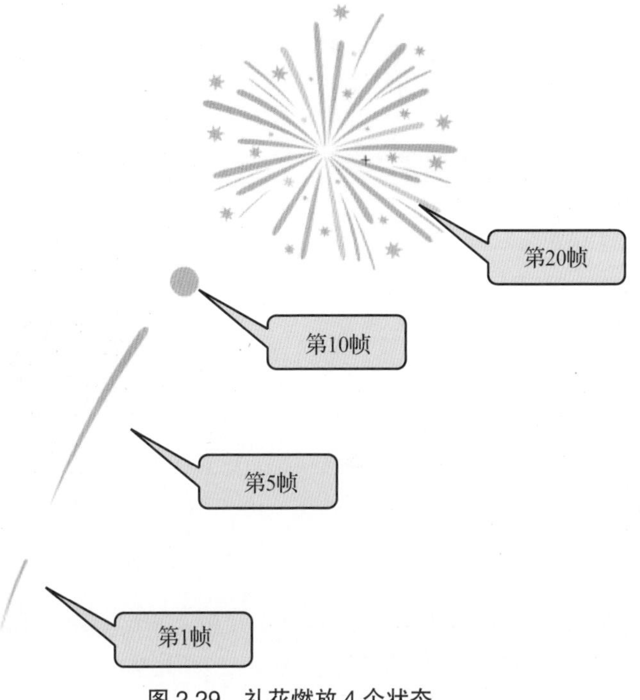

图 2.29　礼花燃放 4 个状态

7. 文字变换元件的制作

① 选择菜单中的命令“插入 | 新建元件”，在弹出的对话框中选择“影片剪辑元件”选项，将元件名称编辑为“文字 – 元件”，单击“确定”按钮进入元件编辑窗口。

② 在此元件编辑窗口中，通过单击时间轴左侧“新建图层”图标来创建新图层，如图 2.30 所示，共需创建 4 个图层来放置不同的对象。重命名各图层并锁定所有图层。

图 2.30　创建新图层

③ 解锁“春”图层，在图层的第 1 帧处将“鞭炮 – 元件”元件中“挂炮”图层的对象复制、粘贴到此帧，并将其打散。在第 25 帧处插入关键帧，使用文本工具绘制“春”字并将其打散，然后填充渐变颜色为（255 255 153）、（255 153 0），如图 2.31 所示，注意“春”字的位置。然后在这两个关键帧之间右击，选择弹出快捷菜单中的命令“创建形状补间”，并在第 78 帧处插入帧。

④ 解锁“节”图层，在图层的第 4 帧处插入关键帧，将“室外 – 元件”元件内的左侧灯笼图形复制、粘贴到此帧的当前位置，并将其打散。在第 25 帧处插入关键帧，使用文本工具绘制“节”字并将其打散，然后填充渐变颜色为（255 255 153）、（255 153 0），如图 2.32 所示，注意“节”字的位置。然后在这两个关键帧之间右击，选择弹出快捷菜单中的命令“创建形状补间”，

并在第 78 帧处插入帧。

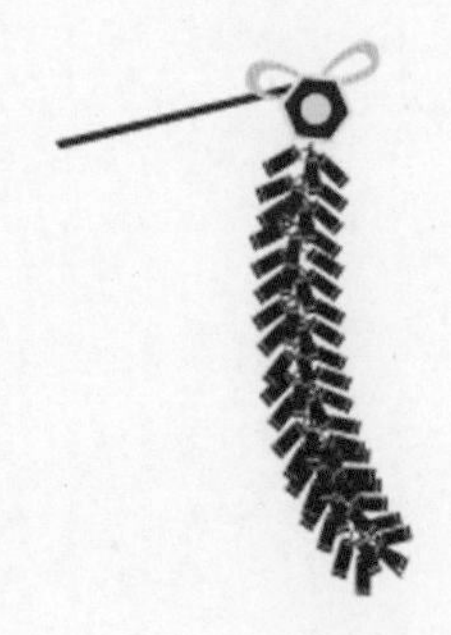

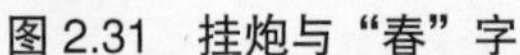

图 2.31 挂炮与“春”字

图 2.32 灯笼与“节”字

⑤ 解锁“快”图层，在图层的第 7 帧处插入关键帧，将“室外－元件”元件内的右侧灯笼图形复制、粘贴到此帧的当前位置，并将其打散。在第 25 帧处插入关键帧，使用文本工具绘制“快”字并将其打散，然后填充渐变颜色为（255 255 153）、（255 153 0），如图 2.33 所示，注意“快”字的位置。然后在这两个关键帧之间右击、选择弹出快捷菜单中的命令“创建形状补间”，并在第 78 帧处插入帧。

⑥ 解锁“乐”图层，在图层的第 9 帧处插入关键帧，将“鞭炮－元件”元件中“挂炮”图层的对象复制、粘贴到此帧，然后将其水平翻转并打散。在第 25 帧处插入关键帧，使用文本工具绘制“乐”字并将其打散，然后填充渐变颜色为（255 255 153）、（255 153 0），如图 2.34 所示，注意“乐”字的位置。然后在这两个关键帧之间右击，选择弹出快捷菜单中的命令“创建形状补间”，并在第 78 帧处插入帧。

图 2.33 灯笼与“快”字

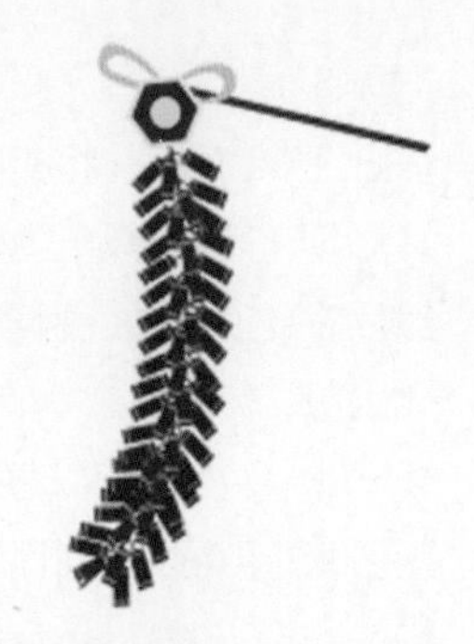

图 2.34 挂炮与“乐”字

2.3.3 创建图层并添加对象

1. 创建图层

在当前场景的时间轴创建 8 个图层，分别放置不同的元件对象。重命名各图层并锁定所有图层，图层名称如图 2.35 所示。

图 2.35 图层名称

2. 添加元件对象

① 解锁“星空”图层，将库面板中“星空－元件”添加到舞台，通过设置它的坐标（0,0），使其位置与舞台重叠，再次锁定该图层。

② 解锁“礼花”图层，将库面板中“礼花－元件”添加到舞台，然后复制多个实例，适当调整大小，使其分布于天空各处，再通过选择属性面板的“色彩效果 | 样式 | 色调”调整各个礼花实例的颜色，通过属性面板的“滤镜”为礼花添加不同的发光效果。最后再次锁定该图层。

③ 解锁“室外”图层，将库面板中“室外－元件”添加到舞台，调整好它在舞台上的摆放位置，再次锁定该图层。

④ 解锁“炮左”图层，将库面板中“鞭炮－元件”添加到舞台，调整好它在舞台上的摆放位置，再次锁定该图层。

⑤ 解锁“炮右”图层，将库面板中“鞭炮－元件”添加到舞台，并进行水平翻转，然后调整好它在舞台上的摆放位置，再次锁定该图层。

⑥ 解锁“文字”图层，将库面板中“文字－元件”添加到舞台，调整它在舞台上的摆放位置，使鞭炮及灯笼与下面图层的鞭炮和灯笼一一重叠，如果没有重叠，可以多次双击对象，直到进入元件内部，这样就可以调整关键帧中对象的位置了。调整好位置后可单击舞台左上角的“场景 1”按钮从元件中返回。最后再次锁定该图层。

⑦ 解锁“书桌”图层，将库面板中“书桌－元件”添加到舞台，调整好它在舞台上的摆放位置，再次锁定该图层。

⑧ 解锁“台历”图层，将库面板中“台历－元件”添加到舞台，调整好它在舞台上的摆放位置，再次锁定该图层。

2.3.4 动画效果的制作

1. 时间轴的初始化

舞台上的静态对象或动画的展示有先有后，根据出现的时间先后，我们需要把各图层的第 1 关键帧拖曳到不同的帧位置上，使它们在时间上前后衔接。各图层关键帧的排布如表 2.3 所示（●表示关键帧，○表示空白关键帧）。

表 2.3 各图层关键帧的排布

图层	第 1 帧	第 141 帧	第 181 帧	第 189 帧	第 257 帧
台历	●				
书桌	●				
文字	○				●
炮右	○		●		

续表

图层	第 1 帧	第 141 帧	第 181 帧	第 189 帧	第 257 帧
炮左	○		●		
室外	○	●			
礼花	○			●	
星空	○	●			

2．室内淡出效果的制作

① 解锁“台历”图层，在其第 114 和 140 帧处插入关键帧，并在这两个关键帧之间右击，选择弹出快捷菜单中命令“传统补间”。单击第 140 帧舞台上的台历对象，然后在属性面板“色彩效果 | 样式 |Alpha”中将数值设置为 0%。

② 解锁“书桌”图层，在其第 114 和 140 帧处插入关键帧，并在这两个关键帧之间右击，选择弹出快捷菜单中的命令“传统补间”。单击第 140 帧舞台上的台历对象，然后在属性面板“色彩效果 | 样式 |Alpha”中将数值设置为 0%。

3．室外淡入效果的制作

① 解锁“星空”图层，在其第 181 帧处插入关键帧，然后在第 141 和第 181 两个关键帧之间右击，选择弹出快捷菜单中的命令“创建经典补间”。单击第 141 帧舞台上的星空对象，然后在属性面板“色彩效果 | 样式 |Alpha”中将数值设置为 0%。

② 解锁“室外”图层，在其第 181 帧处插入关键帧，然后在第 141 和第 181 两个关键帧之间右击，选择弹出快捷菜单中的命令“传统补间”。单击第 141 帧舞台上的室外对象，然后在属性面板“色彩效果 | 样式 |Alpha”中将数值设置为 0%。

4．鞭炮入场动画的制作

① 解锁“炮左”图层，在其第 195 帧处插入关键帧，然后在第 181 和第 195 两个关键帧之间右击，选择弹出快捷菜单中的命令“创建经典补间”。单击第 181 帧舞台上的炮左对象，然后将它水平向左移出舞台。

② 解锁“炮右”图层，在其第 195 帧处插入关键帧，然后在第 181 和第 195 两个关键帧之间右击，选择弹出快捷菜单中的命令“创建经典补间”。单击第 181 帧舞台上的炮右对象，然后将它水平向右移出舞台。

5．动画结尾的设定

动画的长短取决于最后一帧的位置，本动画的最后一帧为第 334 帧。因此，需要在“星空”“室外”“礼花”“文字”这 4 个图层的第 334 帧处都按【F5】键插入帧。

2.4 拓展训练

2.4.1 海底生物动画设计

1．案例效果展示

海底生物动画设计效果展示，如图 2.36 所示。

图 2.36　海底生物动画截图

2. 动画设计要求

① 舞台宽 1280、高 720，帧速率为 24。

② 鱼在海中游动，且每条鱼的游速和方向均不同。

③ 海浪有透明效果，上下波动，且在波动过程中有颜色变化。

④ 水藻在海中有摆动效果。

⑤ 小船随着海浪上下漂动。

3. 要点提示

① 鱼、水藻、海浪等元件需创建形状补间动画。如果形状补间动画的中间过渡状态不理想，可以把对象分散到多个图层，化整为零，用多个局部形状渐变实现整体渐变效果。

② 案例中有两个海浪图层，可以通过交错波动的形式增加层次感。

③ 小船上下漂动的效果需创建传统补间动画来实现。

2.4.2　茶品网站动画设计

1. 案例效果展示

茶品网站动画设计效果展示，如图 2.37 所示。

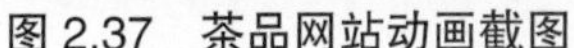

图 2.37　茶品网站动画截图

2. 动画设计要求

① 舞台宽 1280、高 720，帧速率为 24。

② 在水面上要有云、鸟、山、塔、浮标和拱桥的倒影，且倒影有透明度的变化。

③ 浮标随着波浪上下漂动。

④ 波浪有透明效果，在湖中上下波动，且在波动过程中有透明度的变化。

⑤ 茶壶向茶杯中倒水时，茶水有流动机制和流动效果。

⑥ 茶杯中有热气上升的动态效果。

⑦ 鸟有翅膀缓缓扇动的动态效果。

3. 要点提示

① 鸟、波浪、茶水流动、热气上升等元件需创建形状补间动画。

② 茶水流动和热气上升元件，需在属性面板中添加透明度设置，还需添加模糊滤镜效果。

③ 茶水流动机制和流动效果的实现需两个图层，一个是纯色水流的形状渐变动画，另一个是机制（可以是线条）的传统补间动画，两个图层叠加可以实现所需效果。

工作任务 3

《曲苑杂谈》曲艺栏目片头及角标动画设计

逐帧动画的设计与制作

3.1 案例引入

利用计算机软件设计补间动画可以减少工作量，缩短设计周期，提高制作效率。但是一些复杂动作，如人物侧面走路等动作采用补间动画就难以完成，需要借助逐帧动画。所以源于传统动画制作方法的逐帧动画成了必不可少的一种动画形式。逐帧动画的制作原理很简单，在时间轴上表现为连续出现的关键帧，但是需要一帧一帧地绘制和编辑图形，因此工作量很大。

逐帧动画的灵活性强，善于表现细腻的动作，所以在制作时就要注意帧与帧之间图形的变化幅度，以便连续播放时产生自然、流畅的动画效果。

《曲苑杂坛》曲艺栏目片头及角标动画就是通过逐帧动画设计和制作的，先是制作《曲苑杂谈》曲艺栏目的片头动画，然后在此基础上转化、编辑成该栏目播放时的角标动画。

3.1.1 案例展示截图与动画二维码

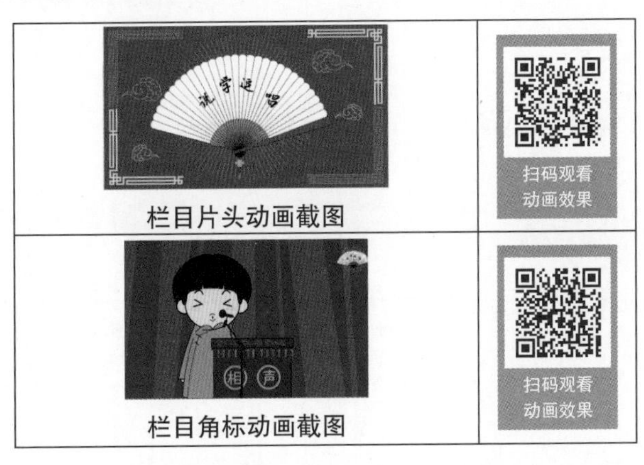

栏目片头动画截图

栏目角标动画截图

3.1.2 案例分析与说明

本案例是为《曲苑杂谈》这一曲艺栏目设计片头动画和角标动画。

片头动画主要包括两部分。第一部分是扇子的动画，它是采用逐帧动画的形式将扇子逐渐展开，接着运用传统补间动画完成扇子扇动效果的制作，然后运用翻转帧技术将扇子逐渐折叠回去。第二部分是文字动画，扇子折起后露出舞台上的栏目名称《曲苑杂谈》，通过为文字添加模糊滤镜和发光滤镜，结合传统补间动画来完成文字的变化特效。

角标动画需要先创建一个影片剪辑元件，将片头动画中主要的动画图层复制到影片剪辑中，然后将角标影片剪辑元件置于栏目舞台的一角，这样便完成了整个角标动画的设计。

本案例主要有两个重点知识目标：一个目标是掌握“逐帧动画”的特点与创建方法，这种动画形式的优点和缺点都很明显，其能完成补间动画难以完成的复杂动作设计，却难以达到补间动画的制作效率，因此，逐帧动画与补间动画互为补充，都是我们进行二维动画设计的重要手段；另一个目标是了解并掌握 An 软件时间轴中显示和编辑多个帧的功能，通过单击相关功能按钮，可以帮助我们在制作逐帧动画的时候，更好地观察其他帧的状态，有效控制各帧变化的幅度和节奏，以保证动画的自然、流畅。

3.2 知识探究

3.2.1 变形工具

1. 任意变形工具

当需要对图形对象进行变形时，可以使用任意变形工具进行操作，任意变形工具主要用于完成缩放、旋转、倾斜、扭曲等变形操作，如图 3.1 所示。

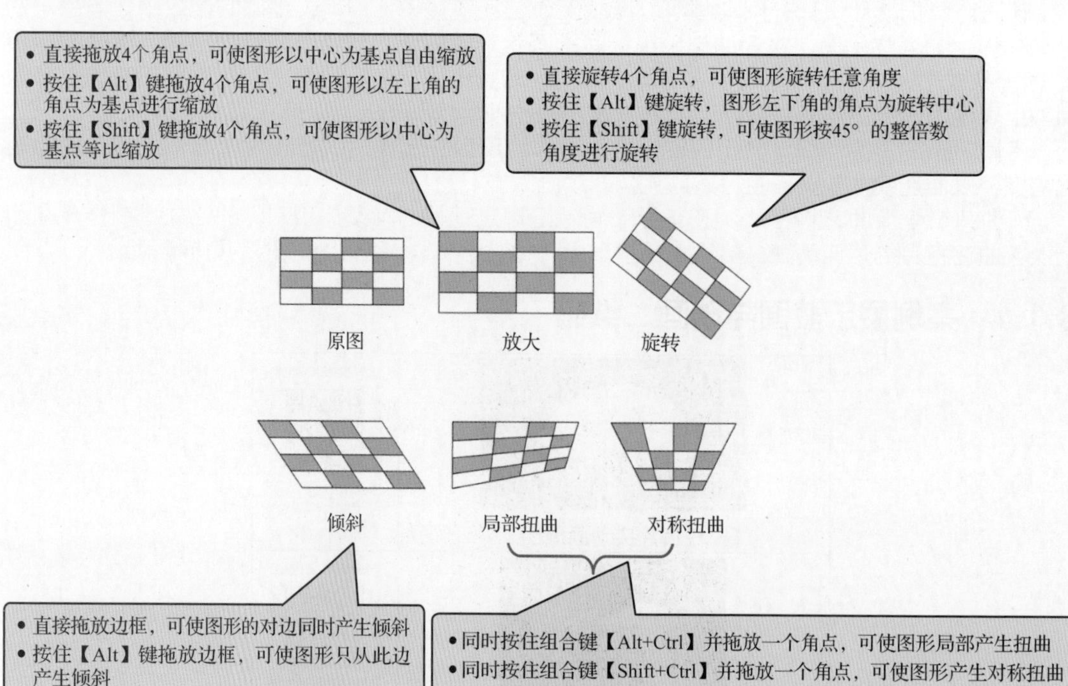

图 3.1 变形操作及效果

2. 渐变变形工具

渐变变形工具与任意变形工具在同一工具按钮中，它们可以对实现渐变色填充的图形对象进行渐变细节的调整。对选中图形应用此工具后，图形上会出现一组调整渐变细节的编辑手柄，如图 3.2 所示。

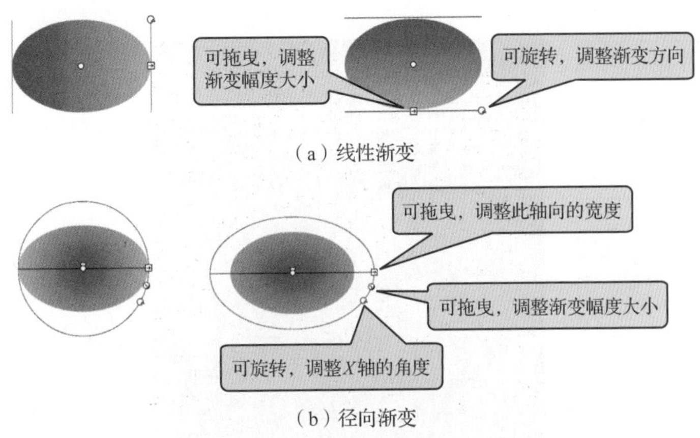

（a）线性渐变

（b）径向渐变

图 3.2　渐变变形工具的调整手柄

3.2.2 变形面板

可以单击图 3.3 所示图标面板的“变形”图标来展开变形面板，或选择菜单中的命令“窗口 | 变形”（或按组合键【Ctrl+T】）打开变形面板。

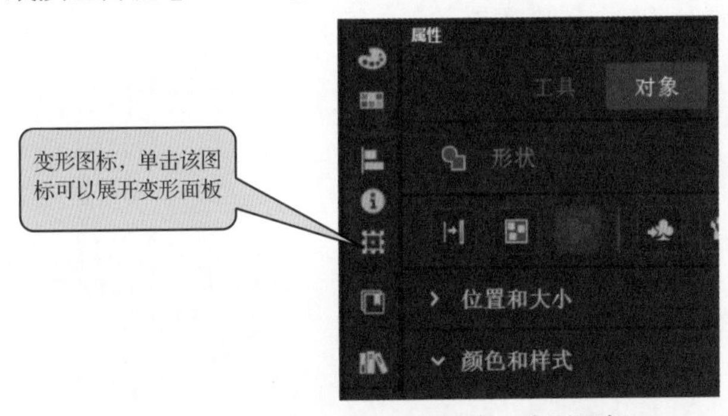

图 3.3　变形图标

变形面板的主要功能是可以通过设置各项参数，精确地对对象进行缩放、旋转、倾斜和翻转等操作。其参数含义和功能如图 3.4 所示。

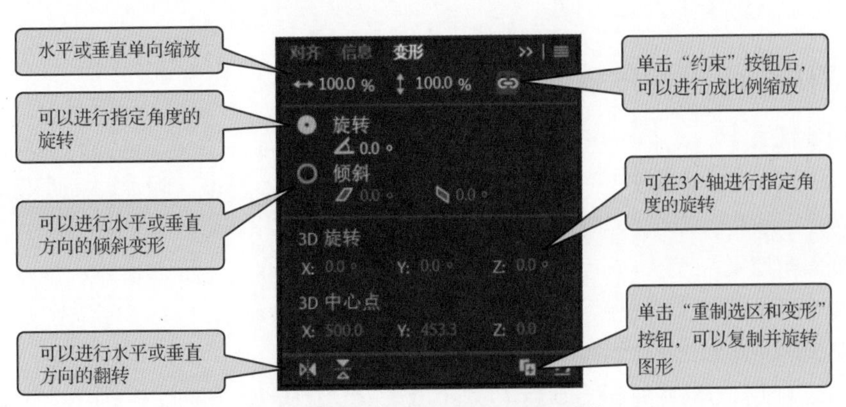

图 3.4　变形面板的参数含义和功能

3.2.3 橡皮擦工具

使用橡皮擦工具可以快速擦除舞台上的内容，也可以擦除个别笔触或填充。当选择橡皮擦工具后，可以在属性面板的橡皮擦工具中选择不同的擦除模式，以便有针对性地擦除对象，橡皮擦工具的主要参数如图 3.5 所示。

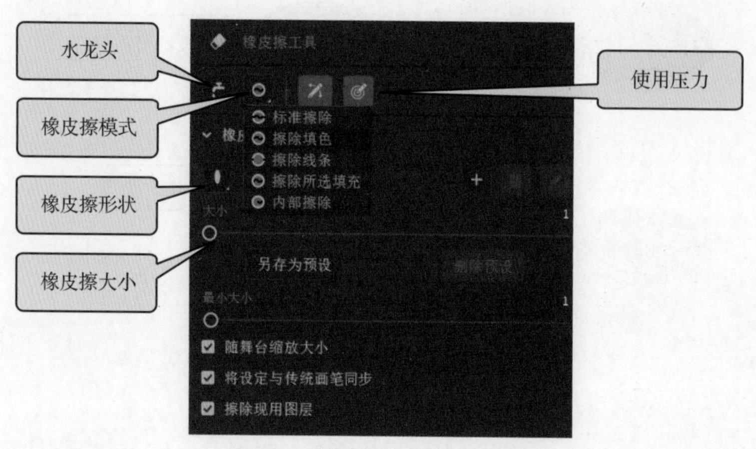

图 3.5　橡皮擦工具的主要参数

其中，水龙头的功能是可以一次性快速擦除单击时的连续笔触或连续填充。

橡皮擦模式中不同选项的具体功能如下。

- “标准擦除”模式：默认模式，可以随意擦除同一图层上的笔触和填充。
- “擦除填色”模式：只擦除填充，不影响笔触。
- “擦除线条”模式：只擦除笔触，不影响填充。
- “擦除所选填充”模式：只擦除当前选定的填充，不影响笔触。
- “内部擦除”模式：只擦除橡皮落点处的填充，不影响笔触。

3.2.4 翻转帧

在时间轴上选定一段连续的帧，通过选择快捷菜单中的命令“翻转帧”，可以将选中的所有帧逆序排列。如果要翻转的是一段补间动画，如一个小球从舞台左侧移到右侧，翻转后的动画效果就变成小球从舞台右侧移到左侧；如果要翻转的是一段逐帧动画，如一个图形逐渐被擦掉，翻转后的动画效果就变成一个图形一点点逐渐显示出来。“翻转帧”命令扩展了动画的制作思路，对有些动画效果的设计很有帮助，如用手写字动画的制作，如果不用“翻转帧”命令，它的制作过程就会变得很复杂。

3.2.5 斜角和渐变斜角镜滤

1. 斜角滤镜

如图 3.6 所示，斜角滤镜的主要参数有模糊、距离、强度、角度、阴影、品质和类型等。设置斜角滤镜可以使图形或文字等对象表现为立体效果。

2. 渐变斜角滤镜

如图 3.7 所示，渐变斜角滤镜的参数与斜角滤镜的大部分相同，只是多了渐变设置，可以通过色标的渐变更精细地设置立体斜角效果。

色标轴左侧色标为渐变的起始颜色，我们可以改变其颜色，但不能移动它；右侧色标为渐变的终止颜色，我们可以改变其颜色、透明度和位置。在色标轴的中间或右侧可以增加新的渐变色标，也可以删除多余的色标。

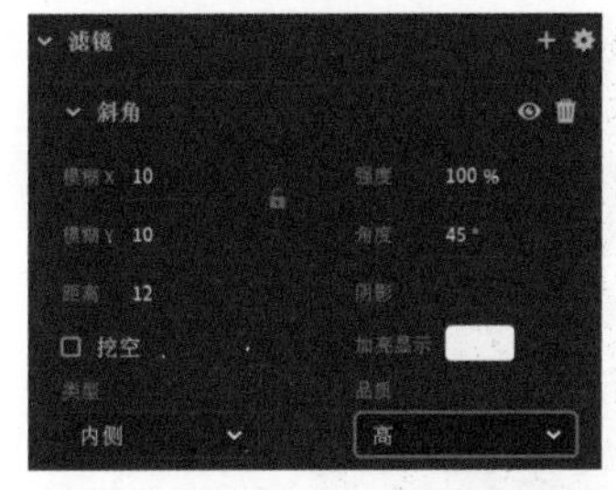

图 3.6　斜角滤镜的参数和效果

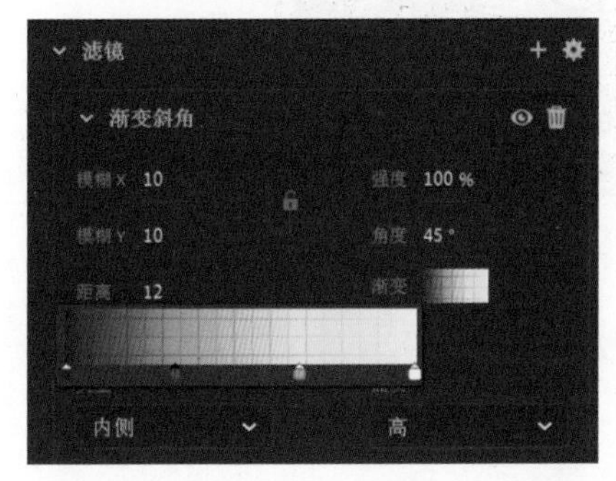

图 3.7　渐变斜角滤镜的参数和效果

3.2.6　逐帧动画的制作

1. 逐帧动画的特点

逐帧动画在时间轴上表现为连续出现的关键帧，通过逐个编辑关键帧中的对象实现其形态变化，在连续播放时产生较为连贯的动画效果。它的特点是可以制作变化比较复杂的动画，如人物走路、人物说话及人物转身等。由于它不像补间动画那样需要在首尾关键帧之间由自动生成的过渡帧来实现渐变动画，所以逐帧动画的制作时间会长一些。

一定的时间内关键帧越多，动画效果就越细腻、流畅，同时工作量也越大。在动画效果和工作量之间要根据具体情况加以权衡，所以，有时需要关键帧是连续的，有时为了减少关键帧的数量，需要在关键帧之间设置间隔。

2. 绘图纸外观

为了帮助确定和编辑关键帧对象的位置和形态，可以使用 An 软件提供的“洋葱皮”功能，即“绘图纸外观”按钮，如图 3.8 所示。它可以用于同时显示所有帧或一定范围内帧的对象。

单击时间轴上方的“绘图纸外观”按钮，播放头两侧会出现一个范围标记，表示同时显示对象的帧范围，并且舞台上会出现此范围的所有对象，如图 3.8 所示，其中当前帧的内容正常显示且唯一可编辑，其他帧的内容虚淡显示且不可编辑。

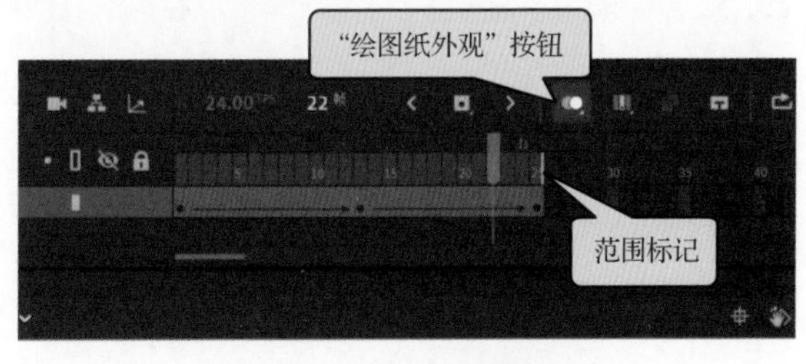

图 3.8　“洋葱皮”功能

单击“绘图纸外观”按钮后稍作停顿，会弹出一个下拉列表，选择其中的“高级设置”，会自动弹出“绘图纸外观设置”对话框，其中各项功能设置如图 3.9 所示。

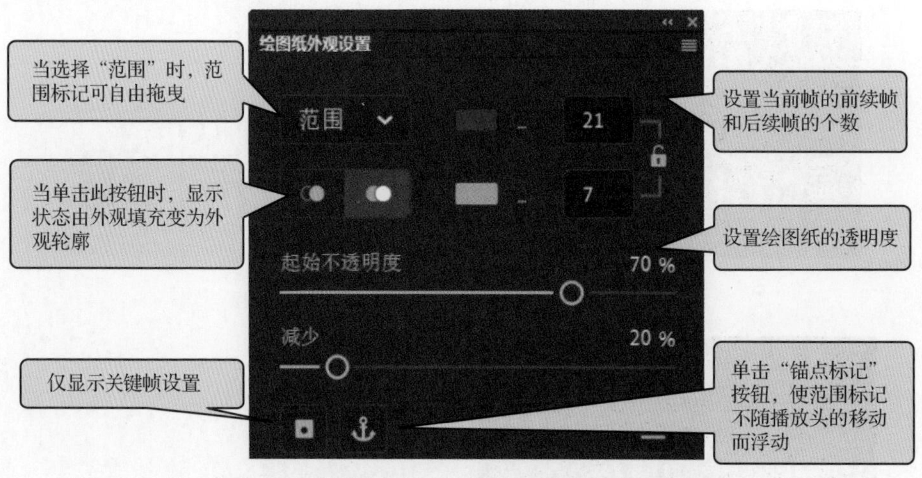

图 3.9　“绘图纸外观设置”对话框及其功能设置

说明：“绘图纸外观”按钮对锁定的图层无效。

3. 编辑多个帧

“编辑多个帧”按钮在“绘图纸外观”按钮的右侧，它的功能类似于“绘图纸外观”按钮。单击此按钮后，播放头两侧会出现一个范围标记，同时舞台上只出现此范围的所有关键帧对象，而且无论其是否为当前帧，这些关键帧对象都是可以选择和编辑的。

单击“编辑多个帧”按钮后稍作停顿，会弹出一个下拉列表，我们可以进行“所有帧”“选定范围”和“锚点标记”的选择。

3.3 案例制作

3.3.1 新建文档

① 打开 An 软件，在“新建文档”对话框中选择“角色动画”“标准”“Action Script 3.0”等，并手动设置舞台大小（宽 1280、高 720），然后单击“创建”按钮直接进入 An 软件的工作界面。

② 利用属性面板将新文档的舞台背景颜色设置为白色。

3.3.2 制作元件

1. 扇面元件的制作

（1）绘制一片扇叶

图 3.10 为扇叶的外形和颜色，我们可使用椭圆和线条工具绘制扇叶的外形，并利用颜色面板进行颜色填充，从上到下颜色为纯色（255 153 0），上半部分线性渐变为（255 255 255）、（255 255 204），下半部分线性渐变为（184 89 16）、（255 153 0），花纹线性渐变为（255 204 51）、（255 204 102），然后将其编组。

（2）移动扇叶变形中心

选择菜单中的命令“视图 | 贴紧 | 贴紧至对象”，取消选择“贴紧至对象”功能（以方便接

下来中心点微小的移动），如图 3.11（a）所示。然后为扇叶添加任意变形工具，并将变形中心点移到扇叶上预设扇轴的位置，如图 3.11（b）所示。

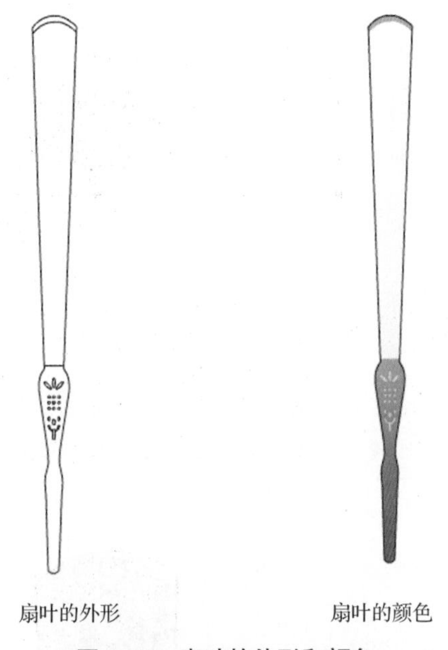

图 3.10　扇叶的外形和颜色

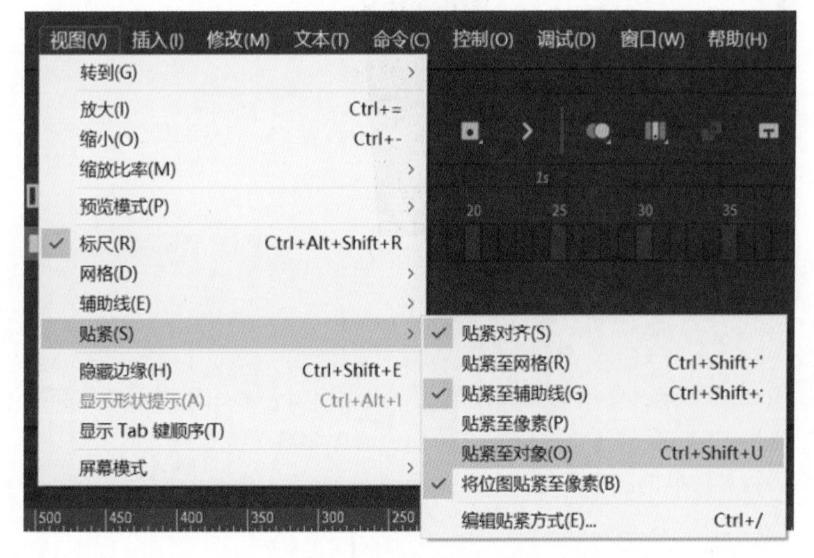

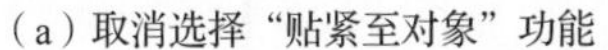
（a）取消选择“贴紧至对象”功能　　（b）扇叶角变形中心点

图 3.11　取消选择“贴紧至对象”功能和移动扇叶变形中心

（3）旋转并复制多片扇叶

单击“变形”按钮打开变形面板，单击“约束”按钮，选择“旋转”项，并设置角度为一个扇叶顶端的宽度（该图形旋转角度为 5°），然后连续 29 次单击“重制选区和变形”按钮，一个由 30 片扇叶组成的扇面就制作完成了，如图 3.12（a）所示。

（4）调整扇面位置及角度

选取所有扇叶，然后通过任意变形工具调整扇面的角度和位置，再将其转换为图形元件“扇面－元件”，如图 3.12（b）所示。

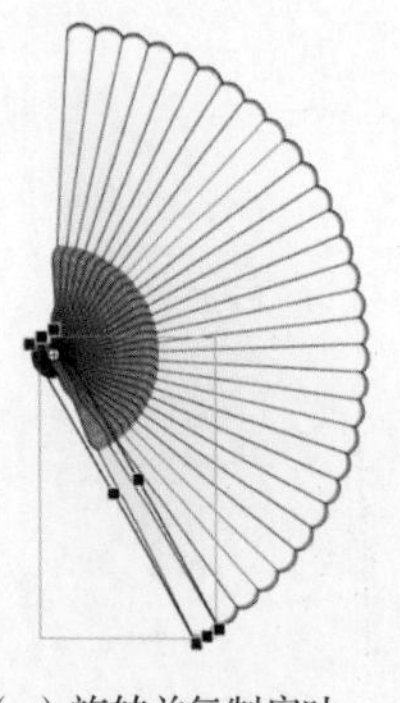

（a）旋转并复制扇叶

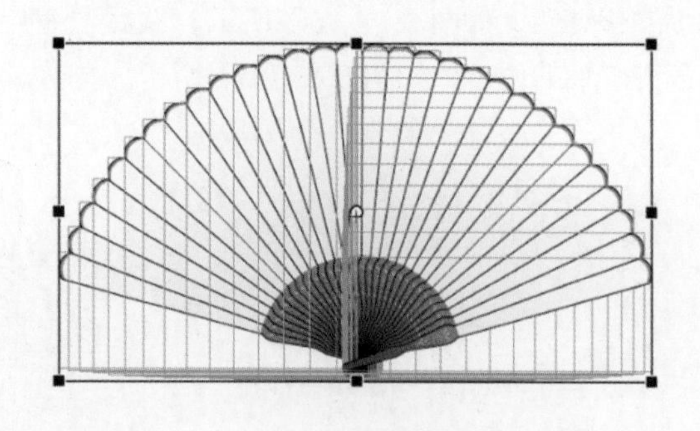

（b）扇面的角度和位置调整

图 3.12　制作扇面

2．扇骨元件的制作

扇骨的外形和颜色如图 3.13 所示，使用椭圆和线条工具绘制扇骨外形，并利用颜色面板进行颜色填充，从左到右颜色为（184 89 16）、（150 72 13）、（252 153 78），然后将其转换为图形元件“扇骨 – 元件”。

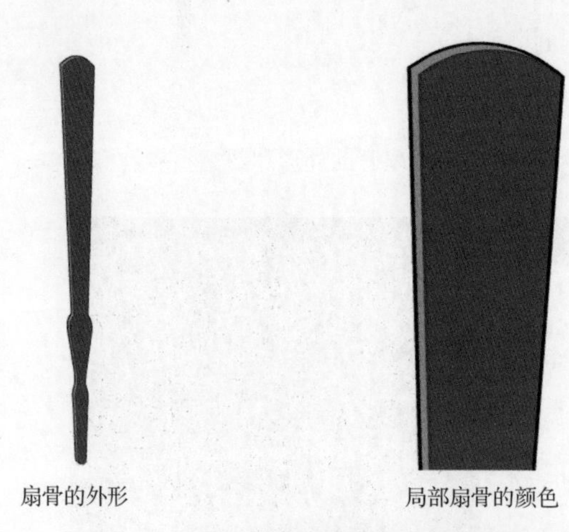

扇骨的外形　　局部扇骨的颜色

图 3.13　扇骨的外形和颜色

3．扇坠元件的制作

扇坠的外形和颜色如图 3.14 所示，使用椭圆和线条工具绘制扇坠外形，并利用颜色面板进行颜色填充，从上到下颜色为（51 51 51）、（55 8 33）、（245 208 18）、（255 153 0）。删除扇坠的外轮廓线，然后将其转换为图形元件“扇坠 – 元件”。

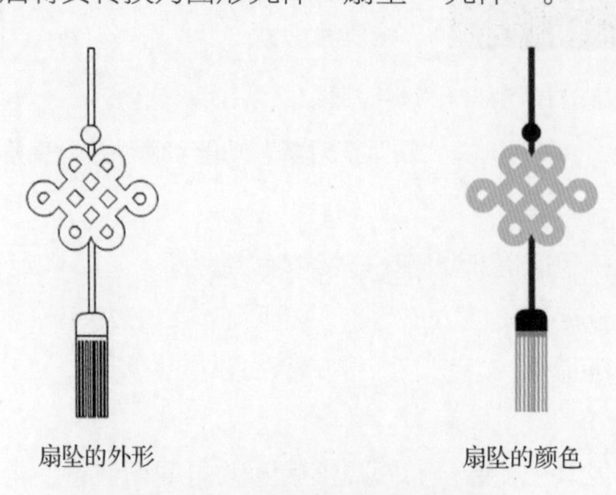

扇坠的外形　　扇坠的颜色

图 3.14　扇坠的外形和颜色

4. 扇轴元件的制作

扇轴的外形和颜色如图 3.15 所示，使用椭圆工具绘制扇轴外形，并利用颜色面板进行颜色填充，从外到内颜色为（0 0 0）、（51 51 51）、（0 0 0）。删除扇轴的外轮廓线，然后将其转换为图形元件“扇轴 – 元件”。

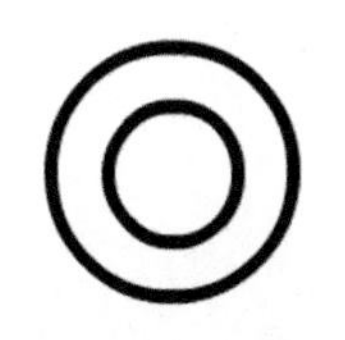

扇轴的外形

扇轴的颜色

图 3.15 扇轴的外形和颜色

5. 扇面文字元件的制作

使用文本工具创建“说学逗唱”文本对象，并为其设置合适的大小和字体，文字颜色为（0 0 0）；然后将其打散，再通过任意变形工具调整文字的角度及位置；最后将其转换为图形元件“扇面文字 – 元件”，文字的外形、角度及位置如图 3.16 所示。

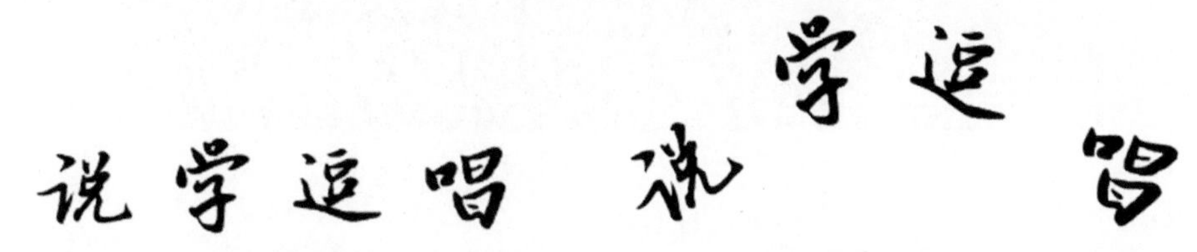

文字的外形　　文字的角度及位置

图 3.16 文字的外形、角度及位置

6. 栏目名称元件的制作

使用文本工具创建“曲苑杂坛”文本对象，并为其设置合适的大小和字体，文字的颜色为线性渐变填充（208 154 19）、（218 190 104），如图 3.17 所示，然后将其转换成影片剪辑元件“曲苑杂坛 – 元件”。

曲苑杂坛

图 3.17 文字的颜色

7. 舞台背景元件的制作

（1）绘制矩形背景

绘制一个长 1280、宽 720 的无边框矩形，对其进行纯色填充（214 59 69），然后将其编组，如图 3.18 所示。

（2）绘制角纹

使用线条工具绘制其中一个角纹，线条颜色为（221 218 183），没有填充色，如图 3.18 所示，然后将其编组并摆好位置。复制一个角纹并单击鼠标右键，选择弹出快捷菜单中的命令“变形 | 水平翻转”，将填充颜色改为（226 215 183），把边框线删除，然后将其编组并摆好位置。

同时选中两个角纹，然后进行复制，将复制出的角纹垂直翻转，并摆好位置。

（3）绘制云纹

使用线条和椭圆工具绘制云纹，线条颜色为（227 157 139），如图 3.18 所示。编组并复制多个云纹，然后按图 3.18 所示调整它们的大小、方向和位置。

（4）绘制光晕

使用线条工具绘制光晕，线条颜色为（215 178 107），如图 3.18 所示，并将其编组；然后单击变形面板的“重制选区和变形”按钮，以 4° 为单位旋转并复制出完整的光晕；最后将光晕整体编组并摆放到舞台的中央。

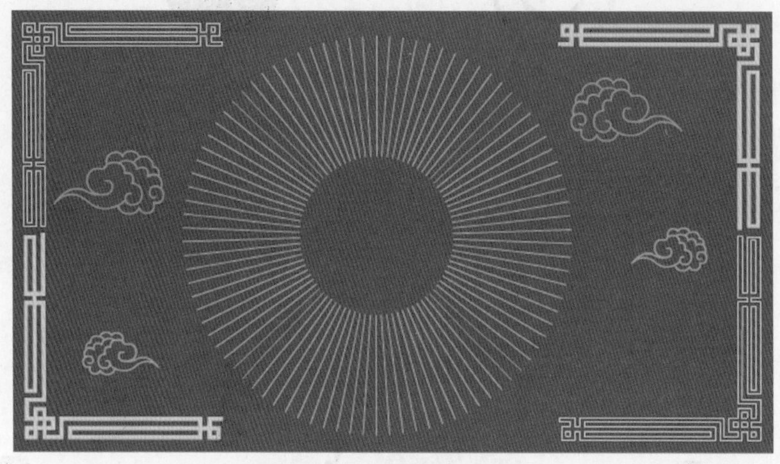

图 3.18　舞台背景及图案

3.3.3　创建图层并添加对象

根据案例设计的需要，可创建 7 个图层来放置不同的对象，各图层名称如图 3.19（a）所示。将元件从库中拖到对应的图层中，并调整好各元件在舞台上的位置，然后锁定所有图层，舞台效果如图 3.19（b）所示。

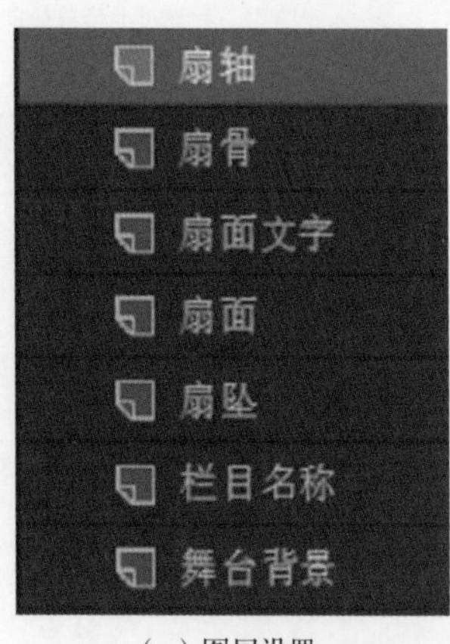

（a）图层设置

（b）对象摆放效果

图 3.19　各图层设置及对象摆放效果

3.3.4　片头动画的制作

1. 时间轴的初始化

解锁“扇轴”“扇坠”“舞台背景”图层，分别在第 240 帧处插入帧后，再次锁定图层。

2. 扇子展开的动画制作

① 解锁“扇面”图层，将扇面实例打散一次，使其变成 30 个独立的组。

② 在第 2 帧处插入关键帧，然后将扇面中最右侧的一片扇叶删除。

③ 按照上一步的方法，依次插入 28 个关键帧，并在每次插入前将当前帧最右侧的一片扇叶删除。拖动播放头可以看到第 1 ～ 30 帧是扇子逐渐折回的效果，锁定该图层。

④ 解锁“扇面文字”图层，将其中的实例打散为图形。拖动播放头找到扇子折回时，文字出现脱离扇面的帧位置，在此处插入关键帧，并用橡皮擦工具将扇面之外的文字局部擦除。继续拖动播放头，依次完成所有文字的擦除效果。

⑤ 解锁“扇面”和“扇面文字”图层，同时选择两个图层的第 1 ～ 30 帧；然后单击鼠标右键，选择弹出快捷菜单中的命令“翻转帧”，将两个图层的第 1 ～ 30 帧分别进行逆序重排，拖动播放头可以看到第 1 ～ 30 帧完成了扇子与上面的文字逐渐展开的动画效果，再次锁定这两个图层。

⑥ 解锁“扇骨”图层，将第 1 帧扇骨的角度和位置与扇子最左侧扇叶完全重叠，然后将其打散为图形后编组，通过任意变形工具把旋转的中心点移到扇轴的位置，通过此操作可以重置扇骨旋转的初始角度和中心。依次插入 29 个关键帧，并依次把变形面板中“旋转”选项的角度设置为以 5° 为单位逐渐递增，完成扇骨与扇面同步展开的效果。

3. 扇子扇动的动画制作

① 解锁“扇面”“扇面文字”“扇骨”“扇轴”“扇坠”5 个图层，然后在各个图层的第 50 帧处均插入关键帧（也可以选中 5 个图层一同插入）。

② 同时选择 5 个图层的第 50 关键帧，然后同时在此帧创建传统补间。

③ 在 5 个图层的第 60、70、80、90、100、110 帧的位置一同插入关键帧。在第 60 帧处框选 5 个图层的对象，使用任意变形工具将变形中心点移到扇轴的位置，然后拖动变形边框降低扇子的高度，如图 3.20 所示。在第 80、100 帧处进行同样的降低扇子高度的操作。

第 50、70、90、110 帧的扇子外形

第 60、80、100 帧的扇子外形

图 3.20 调整扇子的外形

4. 扇子折叠的动画制作

① 解锁“扇面”“扇面文字”“扇骨”图层，同时选择这 3 个图层第 1 ～ 30 帧；然后单击鼠标右键，选择弹出快捷菜单中的命令“复制帧”，并选中这 3 个图层的第 131 帧，单击鼠标右键，选择弹出快捷菜单中的命令“粘贴帧”。

② 同时选择这 3 个图层的第 131 ～ 160 帧，然后单击鼠标右键，从弹出的快捷菜单中选择“翻转帧”命令，将复制过来的帧翻转，实现扇子折叠回去的动画效果。

③ 在这 3 个图层的第 240 帧处插入帧。

5．栏目名称的动画制作

① 解锁“栏目名称”图层，将第 1 关键帧拖曳到第 131 帧处，前面的部分变为空白关键帧。

② 在第 131 关键帧单击鼠标右键，选择弹出快捷菜单中的命令“创建传统补间”；在第 160 帧处插入关键帧，单击第 131 帧舞台上的文本对象，然后在属性面板“色彩效果 | 样式 |Alpha”中将数值设置为 0%，使栏目名称以淡入方式出场。

③ 单击第 160 帧舞台上的文本对象，在属性面板为其添加“渐变斜角”滤镜。其中模糊 X 为 8，模糊 Y 为 8，距离为 4，强度为 100%，角度为 45° ，渐变颜色从左到右依次为白色、白色（透明度为 0° ）、暗红色，品质为高，第 160 帧文本的滤镜效果如图 3.21 所示。

曲苑杂坛

图 3.21　第 160 帧文本的滤镜效果

④ 在第 205 帧处插入关键帧，单击此帧舞台上的文本对象，然后在属性面板中设置“渐变斜角”滤镜的参数，其中模糊 X 为 8，模糊 Y 为 8，距离为 4，强度为 100%，角度为 180° ，渐变颜色从左到右依次为白色、白色（透明度为 0° ）、橙色，品质为高。通过滤镜参数实现文本的滤镜动画效果。

⑤ 在第 240 帧处插入帧。

⑥ 片头动画到此就制作完毕，测试影片效果，并将文档保存为“栏目片头动画 .fla” 。

3.3.5　将影片转换为角标动画

1．新建文档

① 在“新建文档”对话框中选择“角色动画” “标准” “Action Script 3.0”等，并手动设置舞台大小（宽 1280、高 720），然后单击“创建”按钮直接进入 An 软件的工作界面。

② 利用属性面板将新文档的舞台背景颜色设置为白色。

2．舞台上各元件的制作

① 话筒元件的制作。在第 1 帧处插入关键帧，话筒的外形和颜色如图 3.22 所示，使用椭圆和线条工具绘制话筒外形，从上到下将颜色填充为（29 32 50）、（16 36 69）、（51 51 51），然后将其转换为图形元件“话筒 – 元件” 。

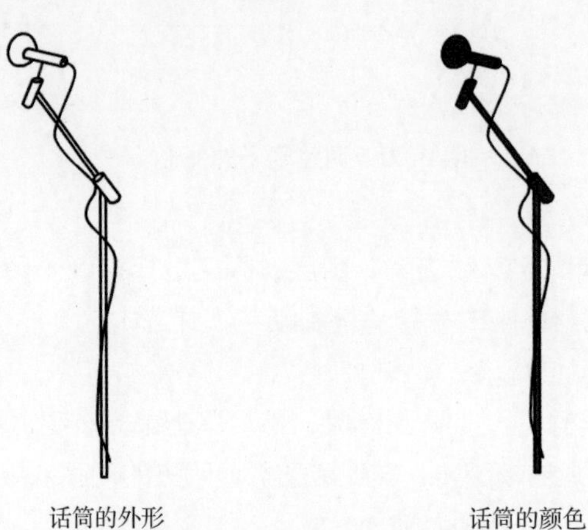

图 3.22　话筒的外形和颜色

② 桌子元件的制作。使用椭圆和线条工具绘制桌子外形和各个组件，桌子颜色为（153 0 0），云纹线条颜色为（225 191 39），吊穗颜色为（204 0 0）、（255 153 0），文字颜色为（213 160 32），如图 3.23 所示；框选所有组件，然后将其转换为图形元件“桌子 – 元件”。

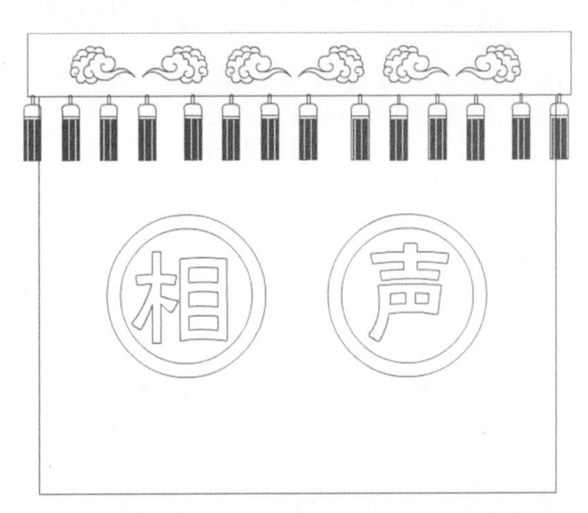

桌子的外形

桌子的颜色

图 3.23 桌子的外形和颜色

③ 演员元件的制作。演员的外形和颜色如图 3.24 所示，使用椭圆和线条工具绘制演员外形，从上到下颜色为（52 0 2）、（254 220 183）、（255 208 192）、（102 153 204）、（0 0 0），然后将其转换为图形元件“演员 – 元件”。

演员的外形

演员的颜色

图 3.24 演员的外形和颜色

④ 幕布元件的制作。幕布的外形和颜色如图 3.25 所示，使用矩形和线条工具绘制幕布外形，其条纹颜色为（214 59 69）、（201 28 39），然后将其转换为图形元件“幕布 – 元件”。

3. 将影片转换成角标影片剪辑元件

① 新建一个名称为“角标 – 元件”的影片剪辑元件。

② 打开 3.3.4 节中制作的片头动画文件“栏目片头动画 .fla”，把除舞台背景之外的所有图层复制到当前元件中。

幕布的外形

幕布的颜色

图 3.25　幕布的外形和颜色

4．创建图层并添加对象

根据案例设计的需要，创建 5 个图层来放置不同的图形对象，图层名称如图 3.26（a）所示。将元件从库中拖到对应的图层中，并调整好各元件在舞台上的位置，然后锁定所有图层，如图 3.26（b）所示。

（a）图层设置

（b）对象摆放效果

图 3.26　图层设置及对象摆放效果

5．角标效果的完善

① 为所有图层在第 290 帧处插入帧。

② 解锁“角标”图层，在第 25、266 和 290 帧处插入关键帧。

③ 在第 1 和 25 帧之间单击鼠标右键，选择弹出快捷菜单中的命令“创建传统补间”；并将第 1 帧的角标实例在属性面板“色彩效果 | 样式 |Alpha”中的数值设置为 0%，实现角标的淡入效果。

④ 在第 266 和 290 帧之间单击鼠标右键，选择弹出快捷菜单中的命令“创建传统补间”；并将第 290 帧的角标实例在属性面板“色彩效果 | 样式 |Alpha”中的数值设置为 0%，实现角标的淡出效果。

3.4　拓展训练

3.4.1　卡通人物手绘效果动画设计

1．案例效果展示

卡通人物手绘效果动画设计，如图 3.27 所示。

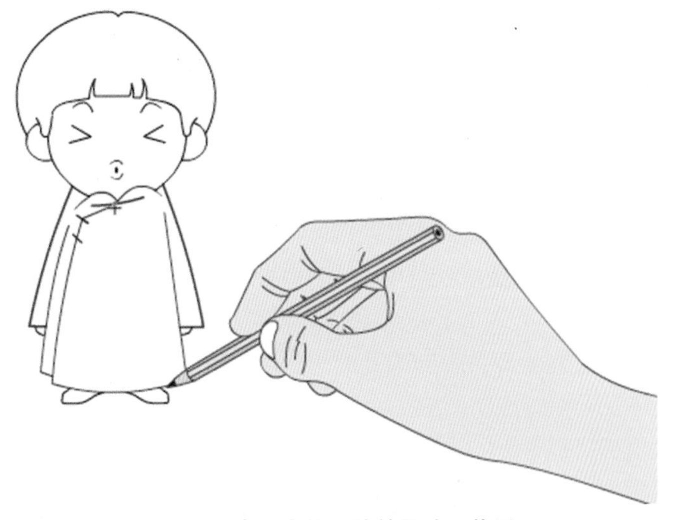

图 3.27　卡通人物手绘效果动画截图

2. 动画设计要求

① 舞台宽 1280、高 720，帧速率为 12。

② 卡通人物的绘制动作从头部开始分步进行，到脚部结束。

③ 卡通人物的绘制在节奏上要和画笔同步。

④ 卡通人物绘制完成后，将画面中的手慢慢移出舞台。

3. 要点提示

① 人物层和画笔层都是采用逐帧动画的形式。

② 在绘制卡通人物时要有起笔和落笔的效果。

③ 绘制卡通人物时要注意线条越长添加的关键帧就越多，以保证动画效果流畅。

④ 卡通人物绘制完成后，将画笔移出舞台需要通过传统补间动画完成。

3.4.2 火柴人走路动画设计

1. 案例效果展示

火柴人走路动画设计效果，如图 3.28 所示。

图 3.28　火柴人走路动画截图

2. 动画设计要求

① 舞台宽 1280、高 720，帧速率为 30。

② 火柴人的动作为向右原地行走。

③ 背景画面的运动方向和火柴人行走的方向相反。

④ 火柴人走路的动作要自然、流畅，符合人物走路的运动规律。

3. 要点提示

① 火柴人走路的元件可以以 8 个或 12 个关键帧为一个完整周期，采用逐帧动画来体现动作的变化。

② 火柴人在走路的过程中要有重心和高度的起伏。可以通过一条水平辅助线来定位地面，以便更好地控制每个关键帧统一的下边界。

③ 火柴人腿部和手臂的变化可以借助“显示多个帧”按钮来控制变化角度和幅度。

④ 为了能够匹配火柴人走路的节奏，需要将背景绘制得足够长，然后通过传统补间动画，实现背景向左的平移。

⑤ 为了使循环播放时背景画面不产生跳动，可以复制背景画面，将两个完全相同的背景画面首尾相接，并在补间动画的首尾关键帧设置成同一画面位置。

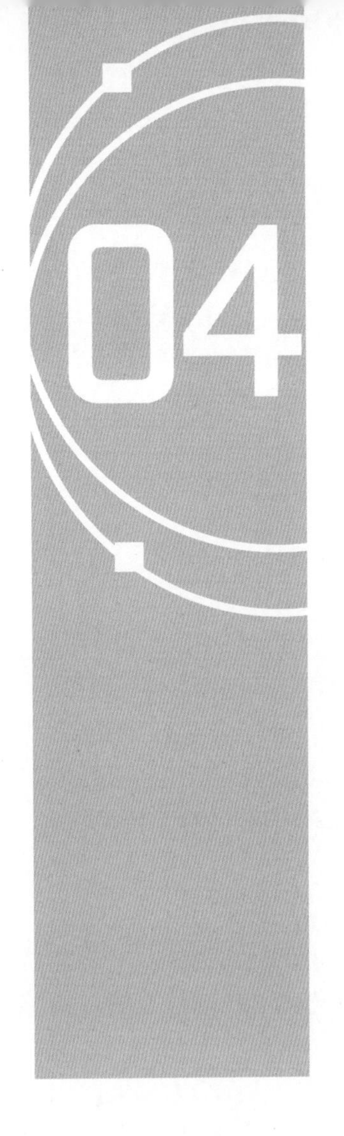

工作任务 4

“中国梦”网站展示动画设计

4.1 案例引入

在传统补间动画中，当补间对象在两个关键帧之间进行位移时，只能完成直线运动。在 An 软件中，传统运动引导层技术可以使补间对象完成复杂轨迹的移动，具体方法就是为传统补间动画添加一个传统运动引导层，并在此图层中绘制代表运动轨迹的曲线。之后只要引导层和被引导层保持从属链接关系，补间对象就会放弃直线运动，改为按曲线轨迹进行运动。

有了传统运动引导层技术，传统补间动画就像插上了“翅膀”，各种流畅的、复杂的运动效果都可以在不增加关键帧数量的基础上轻易实现。

“中国梦”网站展示动画设计案例中的飞鸟和转动的星星都是利用传统运动引导层技术来制作的。

4.1.1　案例展示截图与动画二维码

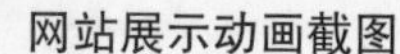
网站展示动画截图

扫码观看
动画效果

4.1.2　案例分析与说明

本案例是一个公益宣传动画，表达了实现中国梦的美好愿望。

本案例包含 3 部分动画，自由飞翔的白鸽和围绕“梦”字转动的星星。其中白鸽的飞翔轨迹分别是在其对应的传统运动引导层中用铅笔绘制的曲线；围绕“梦”字转动的星星也是运用传统运动引导层制作的，只是运动轨迹不是画出来的，而是用梦字的描边线作为运动轨迹。

本案例主要有两个重点知识目标：一个目标是掌握传统运动引导层技术，利用这项技术实现各种复杂轨迹的动画效果；另一个目标是拓展传统运动引导层技术的应用，通过其他方式突破传统运动引导层技术的限制，实现一些特殊轨迹的运动效果。

4.2　知识探究

4.2.1　外部图像素材的导入

动画中的元素除了可以用 An 软件中的工具进行绘制之外，还可以将一些外部图像素材导入使用。

1．导入普通位图

在 An 软件中，可以方便地导入各种普通位图，其中常用的位图格式有 BMP、DIB、GIF、JPEG 和 PNG。当导入的 GIF 图像包含动画时，可以编辑动画的各帧。

具体导入方法是选择菜单中的“文件 | 导入 | 导入到库”命令或“文件 | 导入 | 导入到舞台”命令。当选择“导入到库”命令时，可以在使用时把位图从库中拖入舞台；当选择“导入到舞台”命令时，位图既会出现在舞台上，也出现在库中。

2．导入 PSD 文件

在 An 软件中，也可以直接导入在 Adobe Photoshop 中制作完成的 PSD 文件，并且 An 软件支持图层和滤镜设置。PSD 文件的导入方法同普通位图的导入方法一样，但是在导入之前会弹出“将 PSD 文件导入到舞台”或“将 PSD 文件导入到库”对话框，在对话框中可以浏览文档中的所有图层和图层编组等内容，可以对图层进行选择性导入，还可以对导入的形式、导入的样式以及导入的格式等进行具体的设置，“将 PSD 文件导入到库”对话框如图 4.1 所示。

3．导入 AI 素材

在 An 软件中，还可以导入 AI 格式的矢量素材，导入方法和相关设置与 PSD 文件差不多，只是由于 AI 素材是矢量素材，所以不需要进行位图的发布设置。

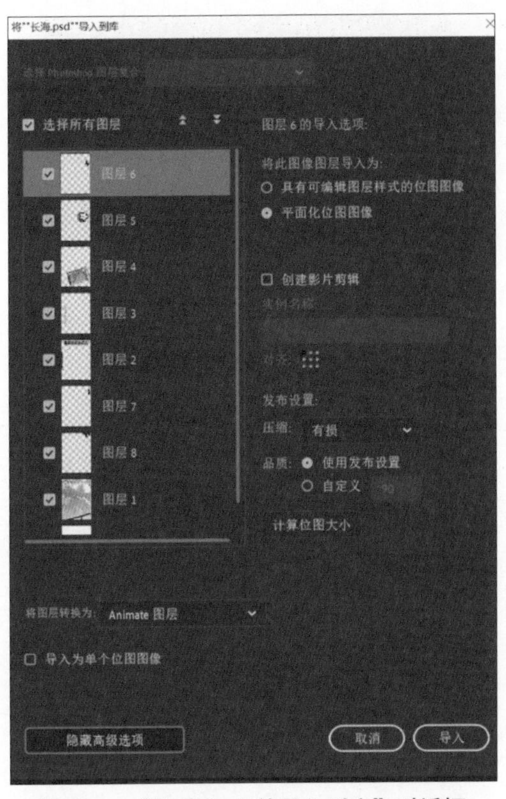

图 4.1　“将 PSD 文件导入到库”对话框

4.2.2 投影滤镜

投影滤镜是模拟对象投影到一个平面上的效果。通过添加投影滤镜，可以得到使对象浮在平面上方的立体效果，投影滤镜参数选项及投影效果如图 4.2 所示，投影滤镜的主要参数有模糊、距离、强度、角度、阴影、品质等。

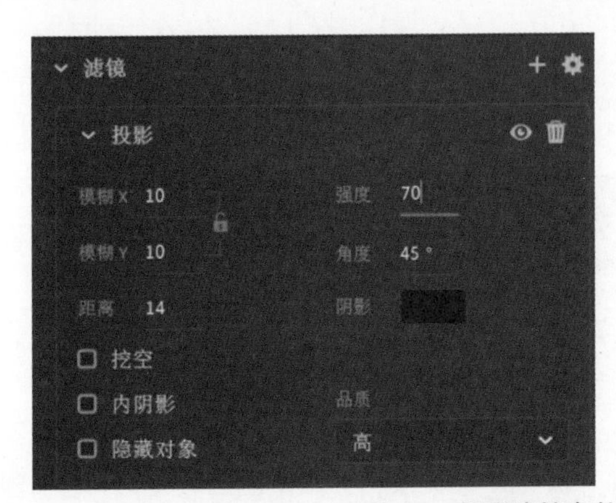

图 4.2　投影滤镜参数选项及投影效果

4.2.3 墨水瓶工具

使用墨水瓶工具可以为矢量图形添加或修改轮廓线。在属性面板中可以详细设置轮廓线的样式、宽度和颜色等，墨水瓶工具的相关参数如图 4.3 所示。

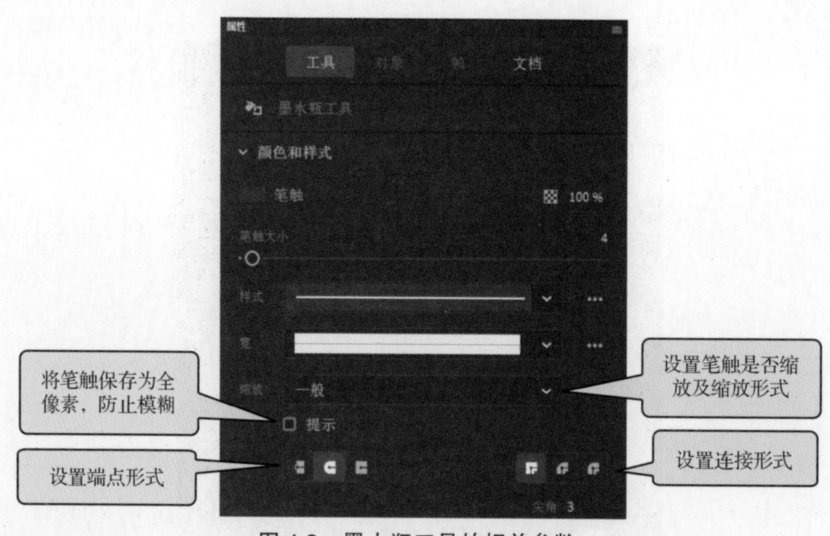

图 4.3　墨水瓶工具的相关参数

4.2.4　引导层技术

1. 引导层的概念

引导层是一个特殊且独立的图层，它有普通引导层和运动引导层两种。当普通引导层与被引导层的对象建立引导从属关系后，就成为运动引导层形式，否则就是孤立的普通引导层。

引导层中的路径只起引导动画的作用，所以在播放影片时不显示出来。

一个影片中可以有多个引导层。一个引导层路径可以引导多个被引导层的运动对象。

引导层中的路径可以用直线、铅笔、钢笔及其他图形工具来绘制，但所用线条必须是分离状态，不能是组或元件。

2. 添加引导层的方法

添加引导层的方法有两种，具体如下。

方法一：在运动图层上单击鼠标右键，从弹出的快捷菜单中选择 “添加传统运动引导层” 命令，在当前图层上方添加一个传统运动引导层，同时当前图层自动变为被引导层，两个图层的引导从属关系如图 4.4 所示。

图 4.4　引导层与被引导层的从属关系

方法二：在某个图层单击鼠标右键，从弹出的快捷菜单中选择 “引导层” 命令后，当前图层变为普通引导层。这时如果想把它下方的另一个图层变为被引导层，可以用鼠标直接把下方图层拖曳到引导层图标右下方，当出现图 4.5 中点线标记时松开鼠标按键，两个图层就变为从属关系；也可以通过在图层上单击鼠标右键，选择弹出快捷菜单中的“属性” 命令，在弹出的对话框中选择“被引导”，如图 4.6 所示。

图 4.5　拖曳图层出现的点线标记

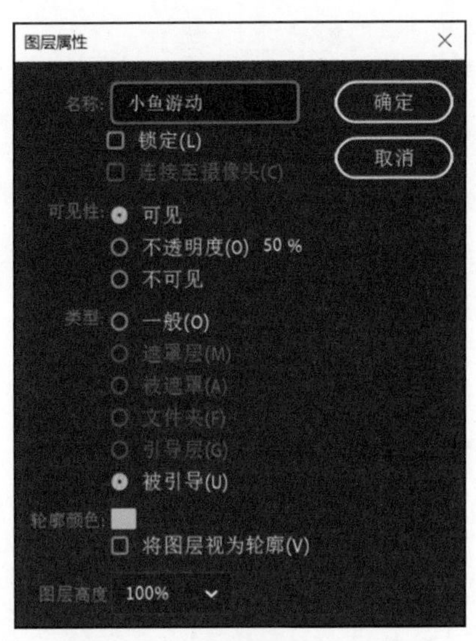

图 4.6　“图层属性”对话框

3. 创建引导层动画的步骤

创建引导层动画的步骤有四步，具体步骤如下。

第一步：制作传统补间动画。在起始关键帧绘制对象、创建传统补间、创建结束关键帧并修改对象位置。

第二步：添加传统运动引导层。在其关键帧中绘制引导线路径。

第三步：将运动对象在路径对齐。分别将动画首尾关键帧的对象摆放并吸附到引导路径的起始位置和结束位置。

第四步：将运动对象调整到路径。在属性面板勾选“调整到路径”选项，同时将首尾关键帧对象的运动朝向用任意变形工具调整到与运动路径方向一致的角度，这样就可以使运动对象的中心轴线始终与引导路径当前位置的切线方向一致。比如一条小鱼始终会朝着运动前方游动，而不是沿着路径游动。

4. 绘制引导层路径的要点

如果希望运动对象按所绘制的路径从头走到尾运动，那么在绘制引导层路径时要注意表 4.1 中几种情况。

① 引导层路径要光滑，不能出现断点或重叠，但可以有交叉。

② 引导层路径不能存在“人”字形转折。

③ 引导层路径不能是首尾封闭的线条。

表 4.1　引导层路径的各种情况及说明

线条外观					
线条说明	线条有重叠	线条有断点	线条有交叉	“人”字形转折	封闭的线条
引导效果	无效路径	只走断点前或断点后的半程	有效路径	无效路径	只走较短的少半程路径

4.3 案例制作

4.3.1 新建文档

① 打开 An 软件，在“新建文档”对话框中选择“角色动画”“标准”“Action Scriipt 3.0”等，并手动设置舞台大小（宽 1005、高 420），然后单击“创建”按钮直接进入 An 软件的工作界面。

② 利用属性面板将新文档的舞台背景颜色设置为红色。

4.3.2 制作元件

1. “飞鸟”元件的制作

① 创建名为“飞鸟”的影片剪辑元件，在第 1 关键帧中先将鸟的身体和翅膀绘制好，鸟的嘴部颜色为（255 153 51）、（255 204 0），除眼睛外其他部分的颜色均为（255 255 255），如图 4.7 所示，分别将鸟的身体和翅膀编组。

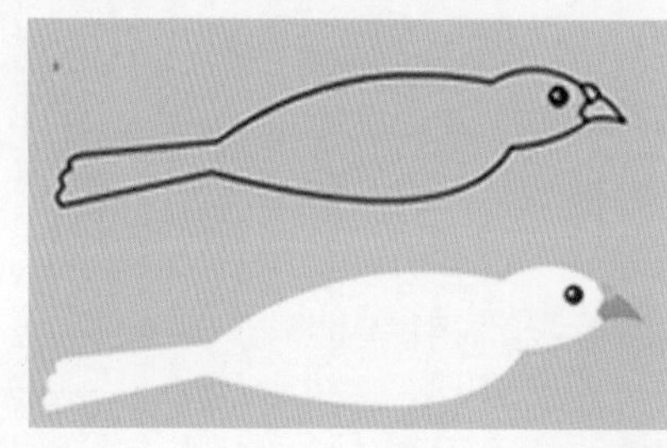
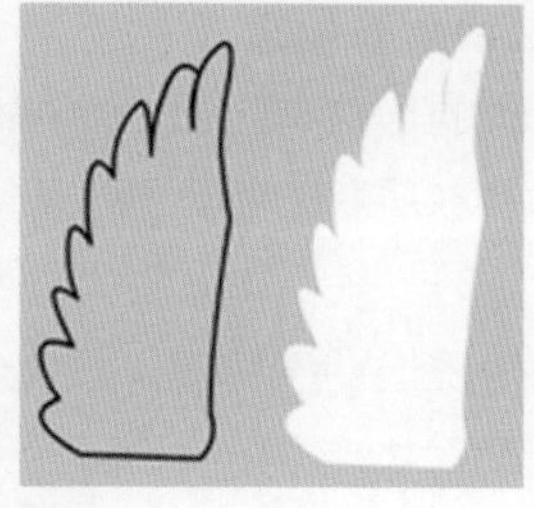

图 4.7 鸟的身体和翅膀

② 鸟的飞动效果用逐帧动画的形式完成。将第 1 帧鸟的姿态按图 4.8 所示进行调整，然后插入 5 个关键帧，也按图 4.8 所示重新绘制这 5 个关键帧中鸟的翅膀，并按图 4.8 所示分别调整好第 2 ～ 6 帧中鸟的姿态。从标尺中拖出一条水平辅助线作为鸟身体的参考线，然后在第 3 ～ 5 帧将鸟的位置逐渐向上调整，以表现鸟在飞动时身体的起伏。

第 1、2、3 关键帧中鸟的姿态

第 4、5、6 关键帧中鸟的姿态

图 4.8 鸟的动作分解

2. “鸟群－近”元件的制作

① 创建名为“鸟群－近”的影片剪辑元件，然后在该元件中创建5个图层来放置不同的对象，各图层名称及关系如图4.9所示。

② 从库中将“飞鸟”元件分别拖入“鸟1”“鸟2”“鸟3”“鸟4”的图层，然后将它们放在离元件中心点左侧较远的位置，并依次缩放每只鸟的大小。

③ 选定“鸟1”“鸟2”“鸟3”“鸟4”图层的第1关键帧，单击鼠标右键，选择弹出快捷菜单中的命令“创建传统补间”，然后在这4个图层第90帧的位置统一插入关键帧，最后锁定这4个图层。

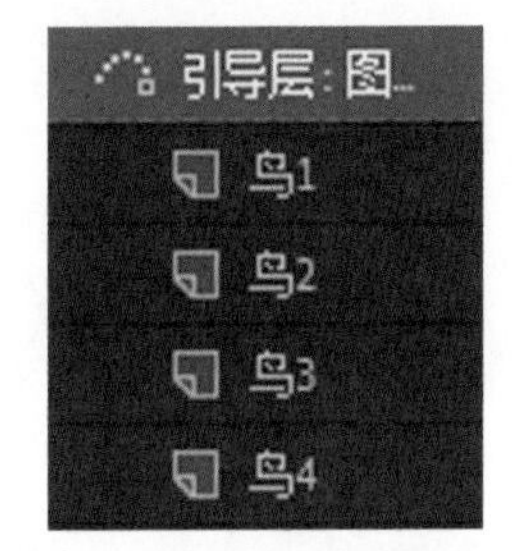

图4.9 各图层名称及关系

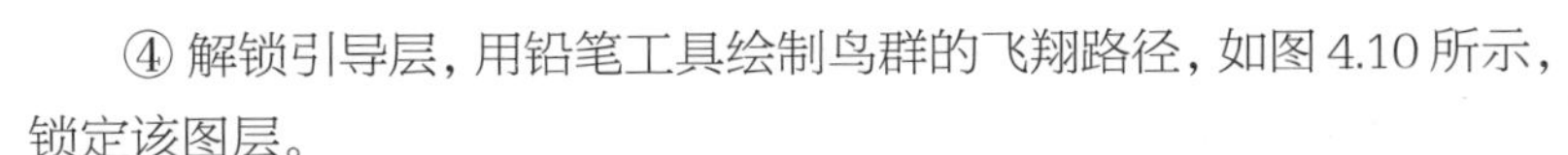

④ 解锁引导层，用铅笔工具绘制鸟群的飞翔路径，如图4.10所示，锁定该图层。

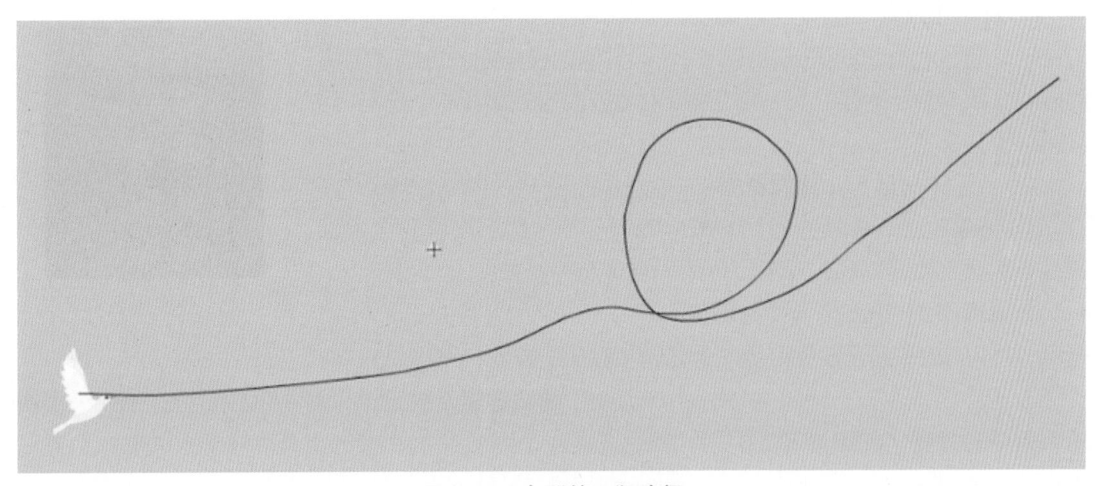
图4.10 鸟群的飞翔路径

⑤ “鸟1”“鸟2”“鸟3”“鸟4”图层的出现时间不同。把“鸟2”“鸟3”“鸟4”图层的第1关键帧向后拖曳到不同的帧位置上，使它们在时间上前后衔接，各图层关键帧的排布如表4.2所示（●表示关键帧，○表示空白关键帧）。

表4.2 各图层关键帧的排布

图层	第1帧	第14帧	第23帧	第31帧	第90帧
引导层	●				
鸟1	●				●
鸟2	○	●			●
鸟3	○		●		●
鸟4	○			●	●

⑥ 将“鸟1”“鸟2”“鸟3”“鸟4”图层的首尾关键帧对象吸附到路径上，即将首尾关键帧对象的中心点在路径上对齐，并调整4只鸟在路径上的起始位置，如图4.11所示。

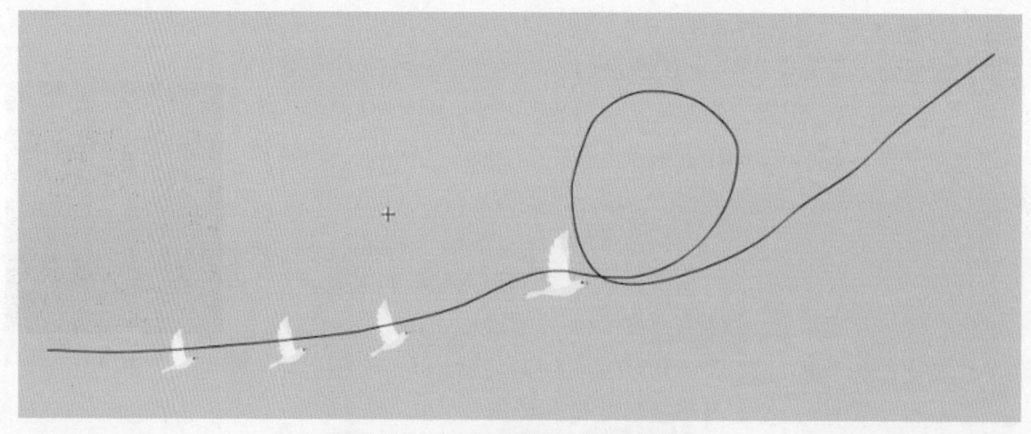

图 4.11　4 只鸟在路径上的起始位置

⑦ 使用任意变形工具将“鸟 1”“鸟 2”“鸟 3”“鸟 4”图层的首尾关键帧对象分别进行旋转，使鸟的身体轴线与那一点路径的切线方向一致；然后分别在 4 只鸟首关键帧对应的属性面板中，选中“调整到路径”选项。

3. “鸟群 – 远”元件的制作

① 创建名为“鸟群 – 远”的影片剪辑元件，然后在该元件中创建 5 个图层来放置不同的对象，各图层名称及关系如图 4.12 所示。

引导层：图...
鸟1
鸟2
鸟3
鸟4

图 4.12　各图层名称及关系

② 从库中将“飞鸟”元件分别拖入“鸟 1”“鸟 2”“鸟 3”“鸟 4”图层，将它们放在离元件中心点左侧较远的位置，并依次缩小每只鸟。

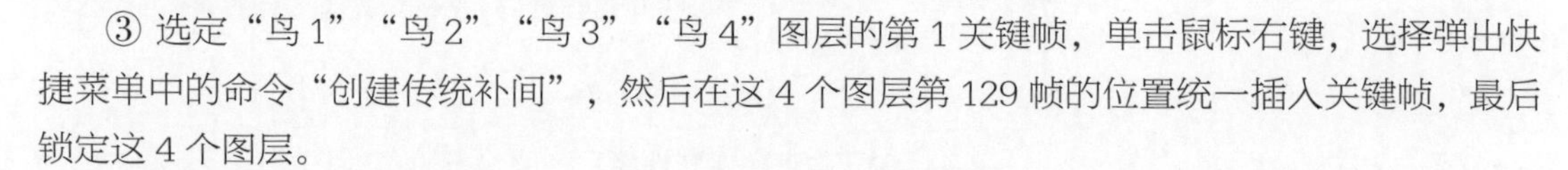

③ 选定“鸟 1”“鸟 2”“鸟 3”“鸟 4”图层的第 1 关键帧，单击鼠标右键，选择弹出快捷菜单中的命令“创建传统补间”，然后在这 4 个图层第 129 帧的位置统一插入关键帧，最后锁定这 4 个图层。

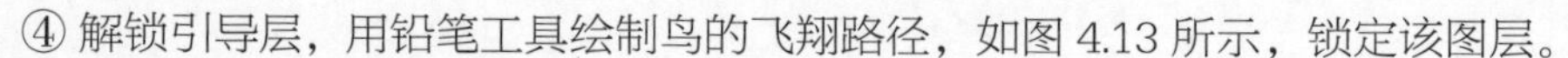

④ 解锁引导层，用铅笔工具绘制鸟的飞翔路径，如图 4.13 所示，锁定该图层。

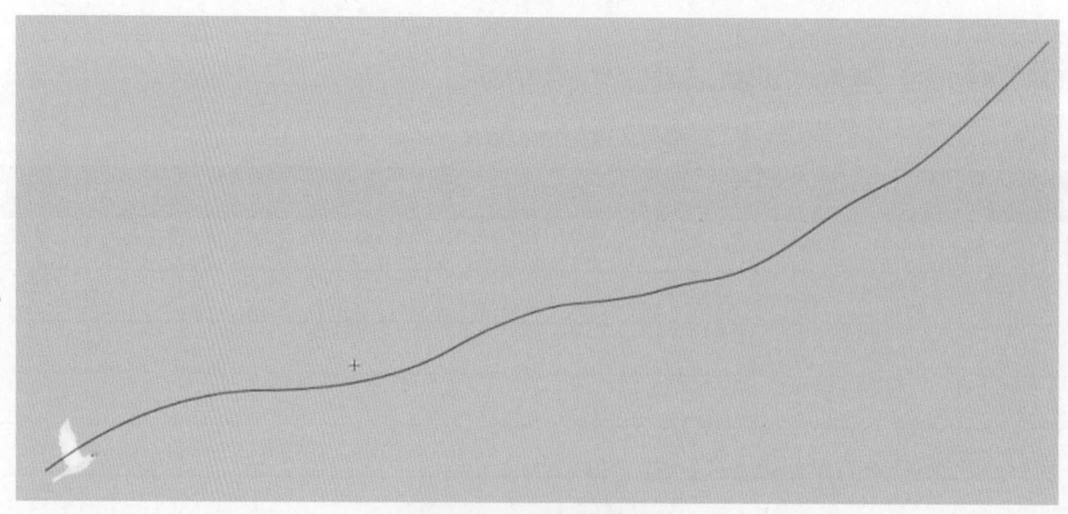

图 4.13　鸟的飞翔路径

⑤ 为了与“鸟群 – 近”元件中鸟的飞翔产生时间上的间隔，将 5 个图层第 1 关键帧统一拖到第 40 帧处；然后把“鸟 2”“鸟 3”“鸟 4”图层的第 1 关键帧依次向后拖曳，使它们在时间上前后衔接。各图层关键帧的排布如表 4.3 所示（●表示关键帧，○表示空白关键帧）。

表 4.3　各图层关键帧的排布

图层	第 40 帧	第 53 帧	第 62 帧	第 70 帧	第 129 帧
引导层	●				
鸟 1	●				●
鸟 2	○	●			●
鸟 3	○		●		●
鸟 4	○			●	●

⑥ 将“鸟 1”“鸟 2”“鸟 3”“鸟 4”图层的首尾关键帧对象吸附到路径上，即将首尾关键帧对象的中心点对齐到路径上，并调整 4 只鸟在路径上的起始位置，如图 4.14 所示。

图 4.14　4 只鸟在路径上的起始位置

⑦ 使用任意变形工具将“鸟 1”“鸟 2”“鸟 3”“鸟 4”图层的首尾关键帧对象分别进行旋转，使鸟的身体轴线与路径上那一点的切线方向一致；然后分别在 4 只鸟首关键帧对应的属性面板中，选中“调整到路径”选项。

⑧ 由于所有图层的前 39 帧均为空白帧，元件从库中往舞台拖放时无法定位，所以在“鸟 1”图层的第 1 帧绘制一个圆。

4. “星 – 转”元件的制作

① 创建名为“星 – 转”的影片剪辑元件，选择多角星形工具，在属性面板的工具选项中设置“样式”为星形、“边数”为 4、“星形顶点大小”为 0.3，画一个四角星，再适当进行外形调整，并对其进行径向渐变填充，渐变颜色分别为（255 255 255）、（255 255 255），色标透明度分别设置为 100%、50%，如图 4.15 所示，然后将其编组。

② 利用椭圆工具画一个圆形，大小和位置如图 4.15 所示，也对其进行径向渐变填充，渐变颜色分别为（255 255 255）、（255 255 255），色标透明度分别设置为 84%、0%，然后将其编组。

③ 为星星创建传统补间动画。选定第 1 关键帧，在属性面板中设置“旋转”选项为顺时针 1 次，然后在第 24 帧处插入关键帧，完成星星原地自转的动画设计。

图 4.15　星形工具设置及星星外观

5. “梦字形”元件的制作

创建名为“梦字形”的影片剪辑元件，用文本工具输入“梦”字，在属性面板中设置其字体为华文行楷、颜色为（255 0 0）、大小为 160，然后将其打散，再使用墨水瓶工具为其进行白色描边。

6. “中国梦”文字特效元件的制作

① 创建名为“中国梦”的文字特效影片剪辑元件，然后在元件中创建 3 个图层来放置不同的对象，各图层名称及关系如图 4.16 所示。

② 将“星－转”元件从库中拖入星星图层，然后创建传统补间动画，在第 180 帧处插入关键帧后，锁定该图层。

③ 将“梦字形”元件从库中拖入引导层后，将其打散，并将填充删除；然后用橡皮擦工具将“梦”字第一笔横画的开头处擦出一个缺口，使文字描边成为路径，如图 4.17 所示。

图 4.16　各图层名称及关系

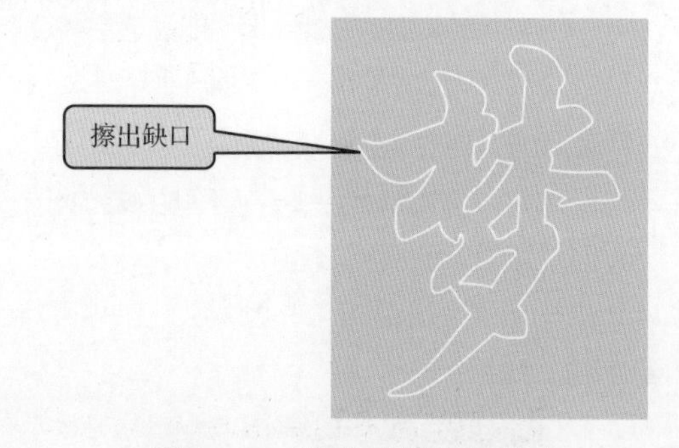

图 4.17　“梦”字描边的缺口

④ 解锁“星星”图层，将其首尾关键帧对象分别吸附到路径缺口的两端。为了设计星星眨眼的效果，在第 180 帧处单击鼠标右键，选择弹出快捷菜单中的命令“复制帧”；然后分别在第 62、65、68、71、74 处单击鼠标右键，选择弹出快捷菜单中的命令“粘贴帧”，并在第 65 和 71 帧处将星星适当放大。

⑤ 解锁“中国梦”图层，用文本工具输入“中国”和“梦”两个文本对象，在属性面板中设置“中国”的字体为华文行楷、颜色为（255 0 0）、大小为 100；“梦”的字体为华文行楷、颜色为（255 0 0）、大小为 160。

⑥ 将“中国”和“梦”两个文本对象摆好位置，特别是“梦”字要与引导层的路径重叠；然后在属性面板中为“中国”添加发光滤镜（白色、模糊 X7、模糊 Y7，强度 117、中等品质），

为“梦”添加投影滤镜（黑色、模糊 X7、模糊 Y7、距离 4、强度 70、高等品质），文本效果如图 4.18 所示。

图 4.18　文本效果

4.3.3　创建图层并添加对象

1. 导入外部素材

准备好背景图片，选择菜单中的命令“文件 | 导入 | 导入到库”，将背景图片导入库。

2. 创建图层并添加对象

① 根据需要在主时间轴创建 4 个图层，各图层名称如图 4.19 所示，然后锁定这 4 个图层。

② 解锁“底图”图层，将图片从库中拖曳到舞台后，把图片打散，将下方不要的部分选中并删除；然后编组，并设置其大小（宽 1005、高 420）与坐标位置（0,0），再次锁定该图层。

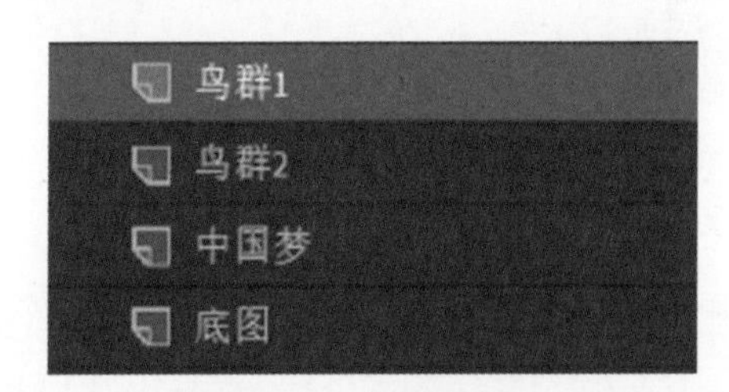

图 4.19　各图层名称

③ 从下到上依次解锁其他图层，从各图层中将相应的对象拖入舞台并摆放好位置，如图 4.20 所示；然后将“鸟 1”和“鸟 2”图层中对象的透明度分别设置为 75% 和 70%。

图 4.20　各图层中对象的位置

4.4 拓展训练

4.4.1 摩天轮转动的动画设计

1. 案例效果展示

摩天轮转动的动画设计效果，如图 4.21 所示。

图 4.21 摩天轮转动的动画截图

2. 动画设计要求

① 舞台宽 1280、高 720，帧速率为 24。

② 摩天轮中所有的观光间都进行顺时针转动。

③ 过山车随着轨道进行移动。

④ 云朵从画面左侧飘到右侧。

⑤ 热气球缓缓上升，同时伴有左右摇摆的动作。

3. 要点提示

① 实现摩天轮每个观光间的旋转，都需要添加自己的引导层，并且每个引导层的路径完全一样，只是缺口的位置不同，缺口位置与观光间位置一一对应。

② 过山车和热气球的运动都需创建引导层补间动画，注意过山车运动速度较快，热气球运动速度较慢。

③ 云朵飘动效果的制作比较简单，只需创建传统补间动画即可。

4.4.2 蝴蝶飞舞的动画设计

1. 案例效果展示

蝴蝶飞舞的动画设计效果，如图 4.22 所示。

2. 动画设计要求

① 舞台宽 1280、高 720，帧速率为 24。

② 蝴蝶从画面外的左右两侧飞入画面，然后飞出画面，远景的两只蝴蝶偏小且有颜色和透明度的变化。

③ 蜻蜓从画面外的右侧飞入画面，然后从左侧飞出画面。

图 4.22　蝴蝶飞舞动画截图

④ 蜜蜂从画面外的右侧飞入画面，然后从左侧飞出画面。

⑤ 瓢虫从画面外的下方飞入画面，在画面内停留一段时间后从左侧飞出画面。

3. 要点提示

① 蝴蝶、蜻蜓、蜜蜂、瓢虫等对象都需要创建为影片剪辑元件，而且还要在元件中制作出翅膀上下拍动的动作。

② 蝴蝶、蜻蜓、蜜蜂、瓢虫等对象在舞台上的飞动效果需采用引导层补间动画的形式来实现，但要注意各个对象的运动速度和入画时间各不相同。

③ 远景的两只蝴蝶需适当缩小，并把透明度的值调到 100% 以下。

工作任务 5 动态海报设计

遮罩层动画的设计与制作 -1

遮罩层动画的设计与制作 -2

5.1 案例引入

An 软件中的遮罩层和引导层一样，虽然是一个独立的图层，但是只有与下方的图层建立从属链接关系后才能起作用。遮罩层上方的图形或文字就像一个面板上的孔，遮罩层下方的内容只能通过这个孔显示，孔之外其他区域的内容则被遮住而无法看到。

遮罩层和被遮罩层上的对象可以是静止的，也可以是变化或运动的，但无论怎样，下方被遮罩层的内容都是通过遮罩层上的孔来显示的。所以利用遮罩技术可以设计很多具有特殊效果的动画，例如百叶窗切换效果、放大镜效果和运动镜头效果等。

动态海报设计案例中的放大镜特效就是利用遮罩层技术制作而成的。

5.1.1 案例展示截图与动画二维码

 动态海报截图	 扫码观看动画效果

5.1.2 案例分析与说明

本案例是为动漫影片制作的一个动态宣传海报，为了增加海报的神秘感和吸引力，在设计时运用了遮罩层技术。将放大镜作为遮罩层，海报图作为被遮罩层，使海报的内容通过放大镜中的孔进行局部展示，而放大镜之外的部分则以另外一张加了模糊滤镜的海报图片进行补充。

本案例主要有两个重点知识目标：一个目标是掌握遮罩层技术，利用这项技术并添加适当的修饰层可以实现透明或半透明的遮罩效果，同时在遮罩层或被遮罩层添加运动动画可以得到很多有特殊效果的动画；另一个目标是熟练运用摄像头图层实现运动镜头的效果，通过摄像头图层的相关设置，而不对其他图层添加任何运动动画，就可以方便地实现推、拉、摇、移、跟的镜头运动效果。

5.2 知识探究

5.2.1 模糊滤镜

模糊滤镜可以柔化对象的边缘和细节。给对象应用模糊滤镜后，可以让它看起来距离更远，也可以让它具有运动感。模糊滤镜参数选项及模糊效果如图 5.1 所示，模糊滤镜的主要参数有模糊 X、模糊 Y 和品质 3 项内容。

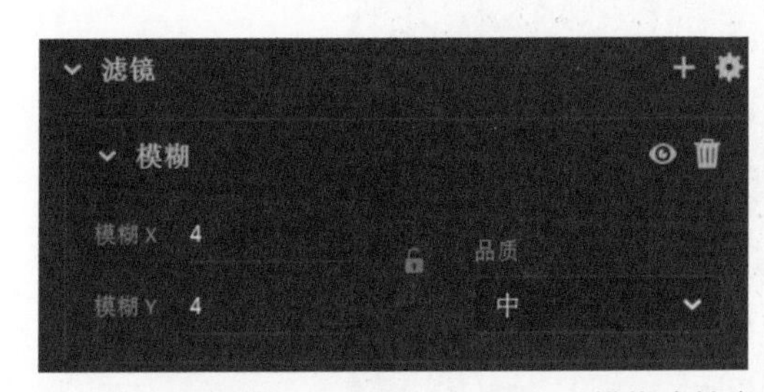

图 5.1 模糊滤镜参数选项及模糊效果

5.2.2 摄像头工具

1. 添加摄像头图层

在 An 软件中，选择工具箱中的“摄像头”命令，或按快捷键【C】，或单击图层上方的“添加摄像头”按钮，就会在图层的最上方添加一个名为“Camera”的摄像头图层，如图 5.2 所示，它可以用于制作模拟真实摄像机的运动拍摄效果。当然若要下方的某些图层产生这种所谓的运动拍摄效果，需要在这些图层上单击是否锁定摄像头运动的按钮，如图 5.2 所示，被锁定的图层将不随摄像头的变化而变化。

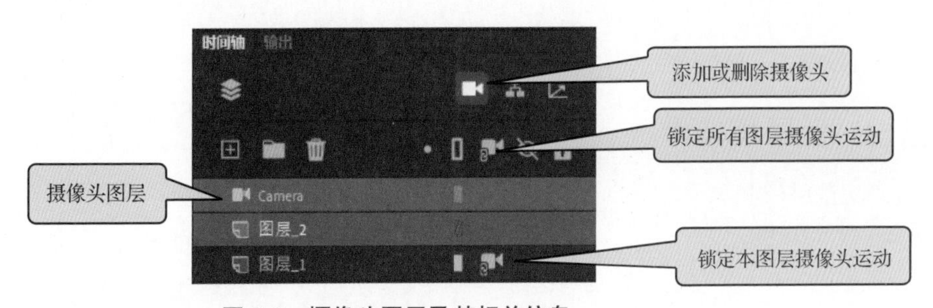

图 5.2 摄像头图层及其相关信息

当不需要摄像头图层时，可以单击图层上方的“删除摄像头”按钮■，也可以像删除普通图层一样删除它。

2．摄像头的运动

在摄像头图层中，可以像普通图层一样创建传统补间动画或补间动画，动画对象就是摄像头，其中关键帧中摄像头具体状态的设置与调整有以下两种方法。

方法一：当添加了摄像头图层，或“摄像头”工具处于选中状态时，舞台下方会出现一个摄像头控件，如图 5.3 所示，同时鼠标指针也变成摄像头形状。单击“摄像头旋转”或“摄像头缩放”按钮并移动控件上的滑块，可以直观地调整摄像头旋转或缩放的幅度；拖曳摄像头形状的鼠标指针可以直观地改变摄像头的上、下、左、右位置。

图 5.3　摄像头控件

方法二：当添加了摄像头图层，或“摄像头”工具处于选中状态时，属性面板中的摄像头相关设置会自动展开，可以通过修改面板中“摄像机设置”的参数来精确调整摄像头的状态，如图 5.4 所示。

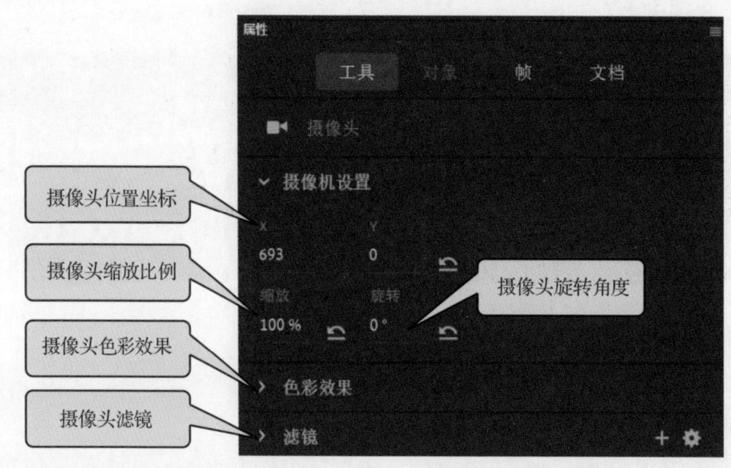

图 5.4　摄像头相关设置

3．摄像头的色彩效果与滤镜特效

可以通过“色彩效果”选项来设置摄像头的亮度、色调、高级和透明度效果，就好像给摄像头加一个带色彩的镜头片，镜头内的所有对象将产生色彩变化的效果。

可以通过“滤镜”选项来为摄像头添加投影、模糊、发光、斜角、渐变发光、渐变斜角等特效和调整颜色，就好像给摄像头加装特效镜头一样。

5.2.3　遮罩层技术

1．遮罩层的概念

An 软件中的遮罩层也是一个特殊而独立的图层，当它与下方的其他图层建立遮罩与被遮罩的从属链接关系后，它的特殊功能才起作用。遮罩层上方的图形、文字或元件的填充（遮罩层对笔触无效）就像在一个面板上打的孔，下方被遮罩层的内容只能通过这些孔显示出来，孔之外其他区域的内容则被遮住而无法看到。从整体影片效果看，被遮住的区域将会露出排在下方的其他一般图层的内容，如果下方没有一般图层就会直接露出舞台背景颜色。

一个遮罩层可以同时与多个连续排列的图层建立遮罩关系，也就是说，一个遮罩层可以对多个被遮罩层起遮罩作用。

当在舞台进行编辑，只有遮罩层和被遮罩层都被锁定时，才能看到遮罩效果；如果它们没有被锁定，则看不到遮罩效果。在测试影片或导出影片时，遮罩层和被遮罩层无论被锁定与否，都会显示出遮罩效果。

2. 遮罩层与被遮罩层关系的创建方法

遮罩层与被遮罩层关系的创建方法分为以下两种。

方法一：在创建好孔形状的图层上单击鼠标右键，从弹出的快捷菜单中选择“遮罩层”命令，这时当前图层变为遮罩层，它下方的图层自动变为被遮罩层，它们的图标在形状改变的同时，其位置关系也变成有缩进的从属关系。与此同时，两个图层被自动锁定，舞台上会显示出遮罩后的效果，如图 5.5 所示。

图 5.5 创建遮罩关系前后图标变化与舞台效果

方法二：当只有遮罩层而没有被遮罩层时，可以用鼠标直接拖曳某图层到遮罩层图标右下方，出现点线标记时，松开鼠标按键即变为被遮罩层；也可以通过在图层上单击鼠标右键，选择弹出快捷菜单中的“属性”命令，在弹出的对话框中选择“被遮罩”，将其设置为被遮罩层。当需要给遮罩层添加多个被遮罩层时，可以采用像第二种方法这样的拖曳方法来实现。

3. 遮罩层动画的分类

遮罩层和被遮罩层上的对象可以是静止的，也可以是变化和运动的，这样就会有 3 种类型的遮罩层动画。

第一种：遮罩层对象运动和变化，被遮罩层对象静止不动，如放大镜移动的动画效果等。

第二种：遮罩层对象静止不动，被遮罩层对象运动和变化，如地球转动的动画效果等。

第三种：遮罩层对象运动和变化，被遮罩层对象也运动和变化，如光芒旋转、闪烁的动画效果等。

4. 修饰层的作用

遮罩层上对象的填充起透孔的作用，这个孔是什么颜色的并不重要，因为在 An 软件中这个孔是完全透明的。而且这个对象是否有笔触、线条，对孔来说都没有任何作用。因此，希望在孔的周围加上笔触、线条的修饰，或希望这个孔呈径向半透明（球面）效果时，都需要在遮罩层上方添加一个图层，通过编辑该图层中对象的外观来实现上述效果。

因为这个图层中的对象能对孔起到一定的修饰作用，所以可以把这个图层看作为遮罩层服务的修饰层。为了保证修饰效果的准确性，需要修饰层对象在外形、大小和位置等方面要与下方的孔完全相同，只是在笔触和填充色彩效果等方面进行相应的编辑，图层中的对象与下面的孔叠加显示后，就会达到预期的修饰效果。

5.3 案例制作

5.3.1 新建文档

① 打开 An 软件，在“新建文档”对话框中选择“角色动画”“标准”“ActionScript 3.0”等，并手动设置舞台大小（宽 405、高 567），然后单击“创建”按钮直接进入 An 软件的工作界面。

② 利用属性面板将新文档的舞台背景颜色设置为白色。

5.3.2 制作元件

1. 放大镜元件的制作

① 创建名为“放大镜框”的影片剪辑元件，使用椭圆和线条工具绘制放大镜的外观，然后按图 5.6 中的提示进行颜色填充。

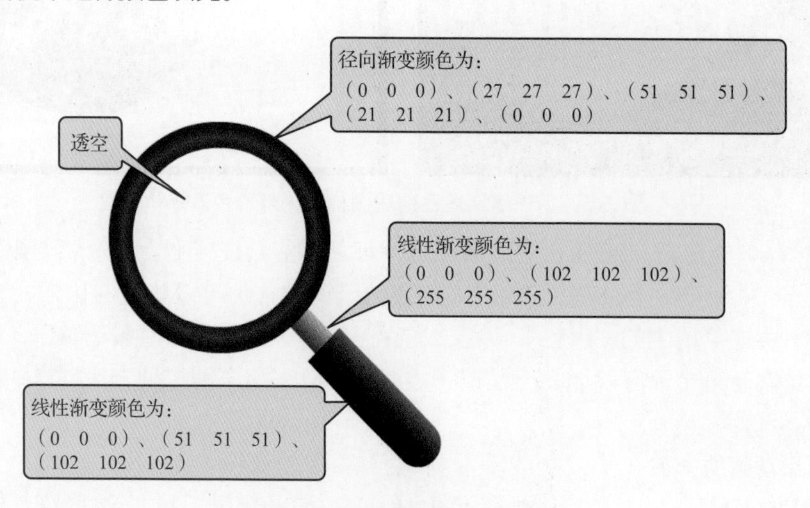

图 5.6　放大镜框的外观及颜色

② 创建名为“遮罩圆”的影片剪辑元件，把“放大镜框”元件拖入该元件，将其打散并用任意纯色填充放大镜框中的透空圆（这样可以保证画的圆与透空一样大），然后将放大镜框的各部分删除，只保留中间的圆。

③ 创建名为“镜片”的影片剪辑元件，把“遮罩圆”元件拖入该元件，将其打散，然后重新设置圆的填充为径向渐变填充，颜色都为（000），透明度分别为0%、18%、60%。

2. 背景元件的制作

① 创建名为“清晰图”的影片剪辑元件，把海报图片导入库，然后将其拖入该元件，设置图片在元件中的坐标为（0,0）。

② 创建名为“模糊图”的影片剪辑元件，把“清晰图”元件拖入该元件，设置图片在元件中的坐标为（0,0）；然后为这个“清晰图”元件实例添加模糊滤镜，参数模糊X为40、模糊Y为40、品质为高。

5.3.3 创建图层并添加对象

① 根据需要在主时间轴创建5个图层及1个摄像头图层，各图层名称如图5.7所示，然后锁定所有图层。

图5.7 各图层名称

② 解锁“模糊图”图层，将“模糊图”元件拖入舞台，并设置其大小（宽405、高567）与舞台一致，坐标为（0,0），然后再次锁定该图层。

③ 解锁“清晰图”图层，将“清晰图”元件拖入舞台，并设置其大小（宽433、高606）比舞台大一圈，坐标为（−14,−19），然后再次锁定该图层。

④ 解锁“遮罩”图层，将“遮罩圆”元件拖入舞台，并放在海报中间角色的位置，然后再次锁定该图层。

⑤ 依次解锁“镜片”和“放大镜框”图层，分别将“镜片”和“放大镜框”元件拖入舞台，并将它们的位置与遮罩圆重叠对齐，然后锁定图层。

5.3.4 动画的制作

1. 时间轴与图层的初始化

① 为所有图层在第450帧处插入帧。

② 在“遮罩”图层上单击鼠标右键，选择弹出快捷菜单中的命令“遮罩层”，使该图层与下方的“清晰图”图层变为遮罩层与被遮罩层的关系。

2. 摄像头图层动画的制作

① 解锁“Camera”图层，在第1关键帧处单击鼠标右键，选择弹出快捷菜单中的命令“创建传统补间”，然后在第45帧处插入关键帧。

② 为了使放大镜表现出弹性的缩放动作，在第1关键帧处选择属性面板补间的“效果”选项，选择“Ease Out|Bounce”，如图5.8所示。

③ 为了使画面还原，在第80帧和第88帧处分别插入关键帧，并将第88帧处摄像头的缩放比例设置为100%。

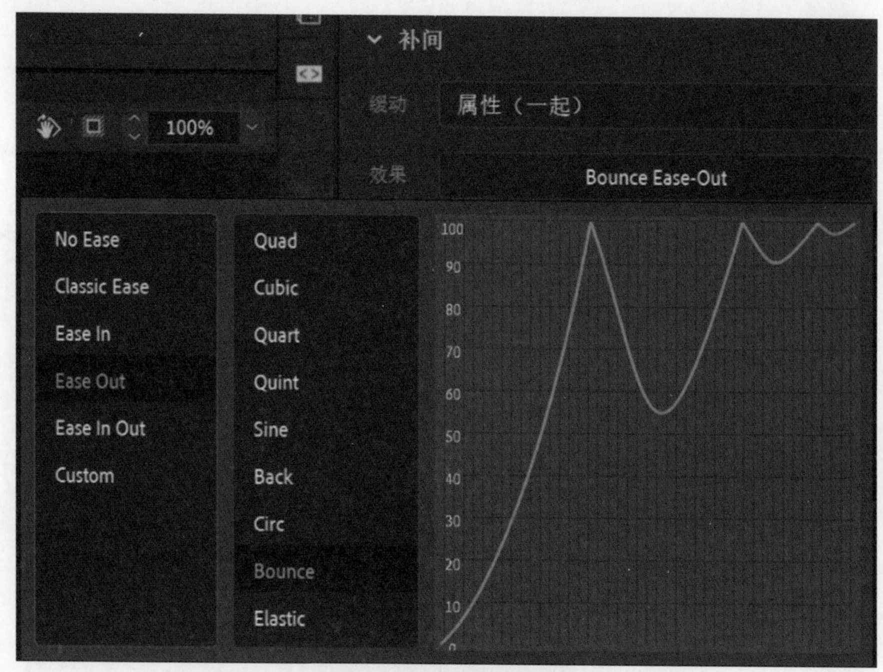

图 5.8　摄像头第 1 关键帧补间的缓动、效果选项

3．放大镜动作的制作

① 因为“放大镜框”“镜片”“遮罩”在表现上是一个整体，所以在制作动画时要同时解锁这 3 个图层，并同时选中 3 个图层的帧或关键帧进行统一操作。

② 这 3 个图层需要先插入各个关键帧，然后在需要有渐变动作处创建传统补间，再在补间动画的首关键帧处设置补间的缓动效果，在尾关键帧处调整放大镜的目标位置，具体情况如表 5.1 所示。

表 5.1　放大镜各关键帧缓动效果选项及动作说明

45	80	88	188	200	300	308	358	385
是		是		是		是	是	
Ease Out|Bounce		默认 Classic Ease		默认 Classic Ease		Ease Out|Elastic	Ease In Out|Quart	
向下移出舞台		从舞台左侧上方垂直移到下方，并移出舞台		从舞台右侧上方垂直移到下方		从舞台右下方移到角色中心	放大至露出整个图片	

5.4 拓展训练

5.4.1 展开画轴的动画设计

1．案例效果展示

展开画轴的动画设计效果，如图 5.9 所示。

图 5.9　展开画轴的动画截图

2. 动画设计要求

① 舞台宽 1276、高 697，帧速率为 24。

② 在画轴展开之前先有推镜头的效果，同时有缓动效果。

③ 画轴对称，向左右两侧展开，直到画轴移出舞台露出整个画面，展开的同时有缓动效果。

④ 画面中的瀑布有水流的特效。

3. 要点提示

① 在摄像头图层创建传统补间来实现推镜效果的制作，同时要添加缓动效果。

② 遮罩层中的对象为一个窄条矩形，随着矩形不断变宽，下方被遮罩层中的画面逐渐展开；两端的画轴分别放在两个修饰层中，并进行位置的渐变。

③ 瀑布中水流特效需要用遮罩技术完成。可以先对整个元件进行波动效果设计，然后将这个有波动效果的元件嵌入另一个元件中，再对它进行有效区域的遮罩设计，如图 5.10 所示。

④ 图 5.10 遮罩层中的波纹线条需选择菜单中的命令“修改 | 形状 | 将线条转换为填充”来填充，这样才能实现遮罩效果。

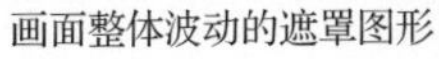
画面整体波动的遮罩图形

画面局部波动的遮罩图形

图 5.10　画面整体和局部波动的遮罩图形

5.4.2　光照文字的动画设计

1. 案例效果展示

光照文字的动画设计效果，如图 5.11 所示。

图 5.11　光照文字动画

2．动画设计要求

① 舞台宽 1280、高 720，帧速率为 24。

② 两束灯光从舞台顶端照射下来，每束灯光各有一个光圈照到不同的文字上，没有光圈处看不到文字。

③ 两束灯光在舞台往返照射，光圈也随之移动并显示出下层的不同文字，之后光圈变大直至显示出全部舞台，光圈的移动和放大均有缓动效果。

④ 文字全部出现后，在文字上方缩放出现人物 GIF 动图，使画面更加生动，如图 5.12 所示。

欢迎加入

数字艺术系

图 5.12　加入动图后的效果

3．要点提示

① 一个光圈需要一对遮罩和被遮罩层，两个光圈则需要两对遮罩和被遮罩层，每个光圈各有一个射灯效果的修饰层，所以共需 6 个图层完成光照文字的效果。

② 光圈的移动需要创建传统补间动画来实现，射灯光柱的旋转也需要创建传统补间来实现，而且这两个动画中均有缓动效果。

③ 添加 GIF 动图元件时需创建传统补间动画，且有透明度及大小的变化。

高级篇

工作任务 6 舞台打斗表演的交互控制设计

6.1 案例引入

使用 An 软件能够设计出美妙的矢量动画，它还有一个其他动画制作软件无法比拟的优点，就是可以利用 ActionScript 对动画进行编程。通过编写脚本代码，一方面可以实现特殊的动画效果；另一方面可以实现交互动画设计，使用户由被动的观众变为主动的操作者。具有交互性的动画为用户提供了操控动画的手段，用户可以根据需要完成播放声音、操纵对象或获取信息等交互控制。

在舞台打斗表演的交互案例中，舞台的打斗表演会根据用户单击不同的按钮作出不同的响应。其中，不同按钮的控制功能就是通过编写 ActionScript 脚本代码来实现的。

6.1.1 案例展示截图与动画二维码

舞台打斗表演交互控制动画截图

6.1.2 案例分析与说明

本案例主要利用常用的交互手段——按钮来控制影片的播放，案例中使用了 3 个控制按钮，通过为它们编写相应的脚本代码，分别实现让影片暂停、继续播放和重新播放的功能。同时，可以利用代码片断将鼠标指针变为自定义的手形指针。通过按钮控制影片正是影片交互性的表现，它增加了用户的参与感，也使动画变得更加生动、有趣。

本案例主要有两个重点知识目标：一个目标是掌握按钮元件的特点，交互动画中常常把按钮作为交互的手段，通过按钮自身的特点以及为其编写的代码，可以实现影片控制及跳转等交互功能；另一个目标是学会 ActionScript 3.0 常用代码的编辑，通过编写代码或使用代码片断，可以实现控制影片播放、设计猜数游戏或呈现漫天飘雪等各类特殊的动画功能。

6.2 知识探究

6.2.1 交互的概念

在动画设计领域中，交互就是指动画不自主播放，而是由用户操控它播放。用户可以利用按钮、菜单、按键、文本输入等方式，将自己的意愿传递给动画，动画则根据接收到的指令做出相应的反馈，然后呈现出不同的播放效果。

具有交互功能的动画即交互动画，就是指在动画播放时支持事件响应和交互功能的一种动画。在交互动画中，用户由被动的观看者变为主动的操作者。

用户对动画的控制主要通过鼠标对按钮进行操作来完成，如利用按钮控制动画的播放、暂停或跳转等，当然也可以通过按键或文本输入等方式来实现。

An 软件具有强大的编程能力，通过 ActionScript 3.0 这种面向对象编程的脚本语言，在动作面板进行编程，可以实现各种交互功能的需求。

6.2.2 按钮元件

在 An 软件中，按钮是交互动画中常用的控制方式，是元件的其中一种。创建按钮元件的方法是选择菜单中的命令“插入 | 新建元件”，在弹出的对话框中选择“按钮”选项，单击“确定”按钮后进入按钮元件自己的时间轴和编辑区域。

“按钮”的时间轴有 4 帧，如图 6.1 所示。除第 1 帧默认为关键帧外，其他 3 帧需要插入关键帧后进行编辑。4 帧分别对应按钮的 4 个状态：“弹起”“指针经过”“按下”“点击”，每个状态的具体含义如下。

- “弹起”：鼠标指针没有经过按钮时该按钮的外观。
- “指针经过”：鼠标指针滑过按钮时该按钮的外观。
- “按下”：单击按钮时该按钮的外观。
- “点击”：只定义响应鼠标的有效区域，并不显示出来。

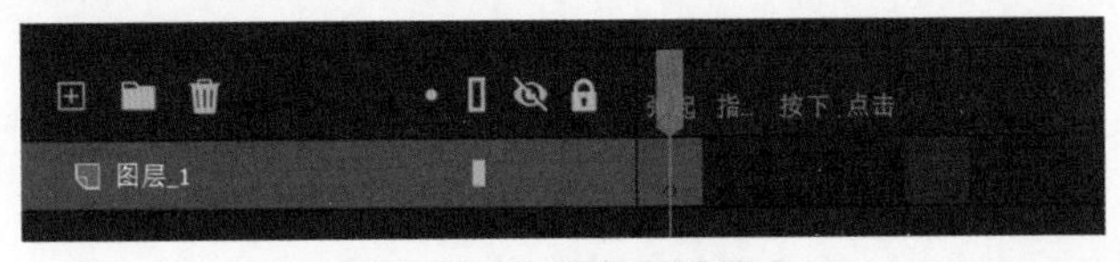

图 6.1 按钮的时间轴

按钮的每个帧中可以是静态图形或文本，也可以是动态的剪辑影片。当把制作好的按钮元件拖到舞台并测试影片时，它在影片中显示第 1 帧的外观；当鼠标指针滑过按钮时，显示第 2 帧的外观；当在按钮上单击时，它显示第 3 帧的外观；第 4 帧的外观不显示。只有当在动作面板为其添加了控制代码后，才能产生预期的交互控制或跳转功能。

6.2.3 ActionScript 基本概念与语法

1. ActionScript 概述

ActionScript 是一种面向对象编程、通过解释执行的脚本语言。利用 ActionScript 对动画进行编程，通过脚本中的动作、事件、对象及运算符等来指示影片要执行什么操作。用户编写的脚本代码可以使动画实现各种精巧玄妙的变化，产生许多独特的交互效果。

ActionScript 程序一般由一条或多条语句组成，语句主要由函数、变量、运算符等组成，它们按照一定的语法规则组织在一起，其中主要的语法规则如下。

- 大小写不通用，即大小写不同的标识符被视为不同。
- 使用点语法，即通过运算符（.）来访问对象的属性和方法，如“fish.x=100;”就是将对象 fish 的横坐标定义为 100。
- 用分号（;）作为语句的结束符，即每条语句都要以分号来终止。
- 可以在代码中添加注释，注释的部分在代码中可见但不被执行。其中单行注释只对一条语句进行注释，以两个斜杠（//）开头到该行末尾为注释部分；多行注释以一个斜杠和一个星号（/*）开头到一个星号和一个斜杠（*/）结束，中间的多行内容为注释内容。

2. 对象及其特性

对象是 ActionScript 3.0 的核心，它可以是变量、函数或元件实例。对象拥有属性、方法和事件，对象与这些特性之间用点“.”隔开以表示隶属关系。

（1）属性

属性是对象的客观特征，就像人有身高和体重的特征一样，例如一个图形元件实例“aa”，可用代码 aa.x 调用或表达其横坐标。对象常用的属性及含义说明如表 6.1 所示。

表 6.1 对象常用的属性及含义说明

属性	含义说明
alpha	对象的透明度，0 为全透明，1 为不透明
focusrect	是否显示对象矩形外框
height	对象的高度
highquality	用数值定义对象的图像质量
name	对象的名称
quality	用字符串“Low”“Medium”“High”定义图像的质量
rotation	对象的放置角度
soundbuftime	对象的音频播放缓冲时间
visible	定义对象是否可见
width	对象的宽度
x	对象在 x 轴方向上的位置
scaleX	对象在 x 轴方向上的缩放比例
y	对象在 y 轴方向上的位置
scaleY	对象在 y 轴方向上的缩放比例

（2）方法

方法是对象的行为或功能，就像人具有说话和走路的功能一样。例如一个影片剪辑元件“bb”若从第 10 帧开始播放，则其代码形式为 bb.gotoAndPlay(10)，其中 gotoAndPlay 就是 bb 对象的方法。

（3）事件

事件是对象对外部动作的响应，就像学生听到上课铃声会回到教室一样，学生这个对象对铃声这个信号（动作）产生的响应为回到教室。其中我们可以把学生看作“事件源”，把上课铃声看作“事件”，把回教室看作“响应”。例如在一个按钮实例“cc”上单击后就让它执行“dd”函数，其代码形式为 cc.addEventListener(MouseEvent.Click,dd)，其中 addEventListener 是 cc 对象的侦听事件，dd 是用户编写的事件处理函数。

3. ActionScript 语句与函数

语句是告诉影片执行操作的指令，一条语句由一个或多个表达式、关键字或运算符组成。下面列举一些常用的 ActionScript 语句，如表 6.2 所示。

表 6.2　常用的 ActionScript 语句

语句名称	举例	操作说明
变量声明语句	var i:int;	声明一个整数变量，其中 var 是声明变量的关键字，i 是变量名，int 是定义数据类型为整数型
	var a:int,b:int;	声明两个整数型变量 a 和 b
	var c:int=100;	声明一个整数型变量 c，并给 c 赋值 100
变量赋值语句	c=200;	直接给 c 赋值为 200
输出语句	trace(“right”);	在输出窗口显示输出信息“right”

条件语句	if (x>100)
	{
	trace(“x is >100”);
	}
	else
	{
	trace(“x is <=100”);
	}
		如果 x > 100 的条件成立，输出“x is > 100”，否则输出“x is<=100”
		注：如果条件不成立，不想执行特定操作，可以省略 else 语句；如果 if 或 else 语句后面只有一条语句，则花括号可以省略

	if (x>0)
	trace(“x 为正数”);
	else if(x<0)
	trace(“x 为负数”);
	else
	trace(“x 为零”);
		用 if...else 条件语句可以测试多个条件

循环语句	for(i=1;i<=5;i++)
	{
	trace(i);
	}
		变量 i 从 1 开始循环到 5，共循环 5 次，每次输出 i 中的值，然后自动加 1，5 次分别输出 1、2、3、4、5

续表

语句名称	举例	操作说明

定义函数语句	function traceP(tt:String)
	{
	  trace(tt);
	}
		定义一个用户自己的函数，function 是定义函数的关键字，traceP 为函数名，tt 为参数名，参数类型为字符型。函数的功能任务是输出 tt 中的字符内容

调用函数语句	traceP(“你好”);	以“你好”为参数值调用上述 traceP 函数，调用的结果是显示输出信息“你好”

函数是执行特定任务并可以在程序中重复使用的代码块。ActionScript 中有系统函数和自定义函数两种，在代码中可以直接调用系统函数，但自定义函数则需要定义后才能调用，表 6.2 中最后两个语句就是来定义函数和调用函数的。

系统函数中有些带参数，有些不带参数，调用时需要将参数写在函数的圆括号内。如果调用不带参数的函数，则必须使用一对空的圆括号。例如 gotoAndPlay(5) 和 Play() 就是带参数和不带参数的两个系统函数。

6.2.4 动作面板与脚本窗口

ActionScript 代码需要在脚本窗口中编写，而脚本窗口是动作面板的一部分。选择菜单中的命令“窗口 | 动作”（或按快捷键【F9】），可以打开动作面板，动作面板及脚本窗口如图 6.2 所示。

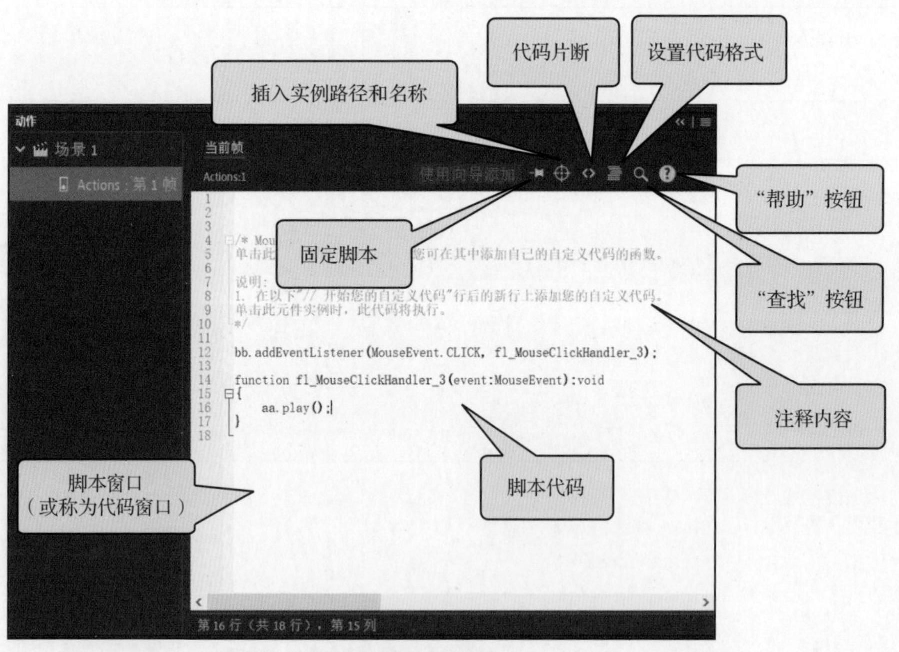

图 6.2　动作面板及脚本窗口

对于用户来说，可以不必编写每一句代码，而是借助代码片断的说明，将需要的代码片断放到合适的代码行中，代码片断窗口如图 6.3 所示。

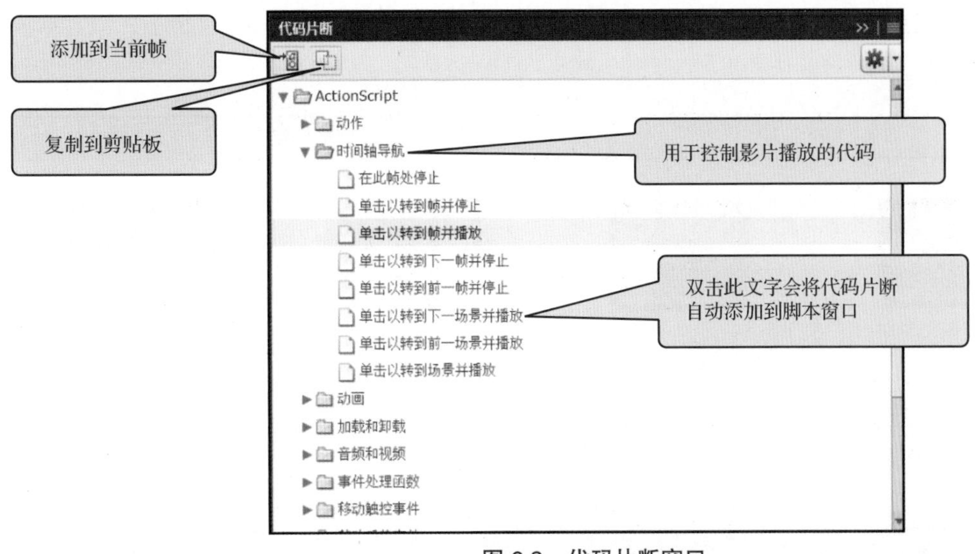

图 6.3　代码片断窗口

6.3　案例制作

6.3.1　新建文档

① 打开 An 软件，在“新建文档”对话框中选择“角色动画”“标准”“ActionScript 3.0”等，并手动设置舞台大小（宽 1280、高 720），然后单击“创建”按钮直接进入 An 软件的工作界面。

② 利用属性面板将新文档的舞台背景颜色设置为白色。

6.3.2　制作元件

1. 按钮及其底盘元件的制作

① 重播按钮的制作。选择菜单中的命令“插入 | 新建元件”，选择“按钮”元件类型，并输入元件名称“重播按钮”，然后单击“确定”按钮。

② 按表 6.3 所示编辑“重播按钮”的 4 个关键帧状态。

表 6.3　“重播按钮”的 4 个关键帧状态

弹起	指针经过	按下	点击
	重播		
颜色从内到外为 （249 217 131） （246 193 88） （51 51 51）	颜色从内到外为 （229 164 43） （246 193 88） （51 51 51）	颜色从内到外为 （249 234 114） （246 193 88） （51 51 51）	颜色从内到外为 （249 234 114） （246 193 88） （51 51 51）

③ 同上述方法，按表 6.4 所示编辑“播放按钮”的 4 个关键帧状态。

表 6.4 “播放按钮”的 4 个关键帧状态

弹起	指针经过	按下	点击
	播放		
颜色从内到外为 （15 188 121） （15 178 157） （51 51 51）	颜色从内到外为 （15 118 72） （15 178 157） （51 51 51）	颜色从内到外为 （15 231 148） （15 178 157） （51 51 51）	颜色从内到外为 （15 231 148） （15 178 157） （51 51 51）

④ 同上述方法，按表 6.5 所示编辑“停止按钮”的 4 个关键帧状态。

表 6.5 “停止按钮”的 4 个关键帧状态

弹起	指针经过	按下	点击
	停止		
颜色从内到外为 （209 95 89） （198 76 71） （51 51 51）	颜色从内到外为 （147 58 54） （198 76 71） （51 51 51）	颜色从内到外为 （242 91 84） （198 76 71） （51 51 51）	颜色从内到外为 （242 91 84） （198 76 71） （51 51 51）

⑤ 如图 6.4 所示，绘制按钮底盘，其中颜色从深到浅依次为（51 51 51）、（102 102 102）、（204 204 204）。

图 6.4 按钮底盘

2. 文字元件的制作

分别创建“字 1”“字 2”“字 3”“字 win”4 个影片剪辑元件，颜色均为黑色，外观如图 6.5 所示。

1 2 3 win!

图 6.5 4 个文字影片剪辑元件外观

3. **地面元件的制作**

创建一个名为“地面”的影片剪辑元件，外观为一个矩形，宽 1280，高 278，颜色为纯色（204 204 204）。

4. **手形指针元件的制作**

创建一个名为“手形指针”的影片剪辑元件，如图 6.6 所示，其中从上到下的颜色依次为（249 209 178）、（149 203 210）、（11 56 82），注意手指尖的位置应该尽量靠近元件的中心点，这个中心点位置与鼠标指针的尖部对应。

图 6.6 手形指针

6.3.3 创建图层并添加对象

1. **创建图层**

根据需要在主时间轴创建 6 个图层，各图层名称如图 6.7 所示，然后锁定所有图层。

2. **添加对象并命名实例**

① 依次解锁各个图层，将对应的元件拖入舞台，并摆好位置，如图 6.8 所示。其中“文字”图层中只拖入“字 1”元件实例，手形指针实例需放在舞台之外。

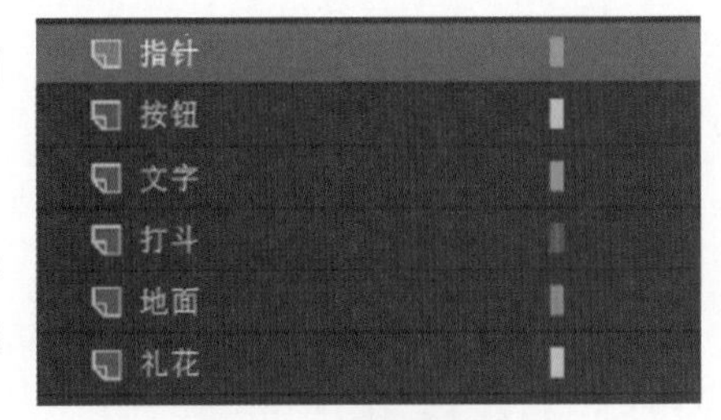

图 6.7 各图层名称

图 6.8 舞台上各对象的位置

② “打斗”图层需要通过选择菜单中的命令“文件 | 导入 | 导入到舞台”，将准备好的打斗影片（逐帧动画影片）导入舞台，同时在该图层的时间轴会相应产生很多关键帧。

③ “礼花”图层将本书工作任务 2 中的礼花影片剪辑导入舞台，并适当调整位置。

④ 依次单击重播、播放和停止按钮，在属性面板分别将按钮实例命名为“replayBtn”“playBtn”“stopBtn”。选择手形指针影片剪辑元件，在属性面板为其命名为“hand”，然后再次锁定所有图层。

6.3.4 舞台打斗表演动画的制作

1. **初始化时间轴**

在所有图层的第 200 帧处统一插入帧，然后将“文字”图层的第 1 关键帧拖到第 75 帧处，将“礼花”图层的第 1 关键帧拖到第 130 帧处。

2. 制作文字动画

① 解锁“文字”图层，在第 85 帧处插入关键帧并将“字 1”实例放大，然后在第 75 帧处创建传统补间动画，并在属性面板设置补间动画的缓动效果为“Bounce Ease-Out”。

② 在第 90 帧处插入关键帧，将“字 1”替换为“字 2”，再在第 100 帧处插入关键帧并将“字 2”实例放大，然后在第 90 帧处创建传统补间动画，并在属性面板设置补间动画的缓动效果为“Bounce Ease-Out”。

③ 在第 105 帧处插入关键帧，将“字 2”替换为“字 3”，再在第 115 帧处插入关键帧并将“字 3”实例放大，然后在第 105 帧处创建传统补间动画，并在属性面板设置补间动画的缓动效果为“Bounce Ease-Out”。

④ 在第 120 帧处插入关键帧，将“字 3”替换为“字 w”，再在第 130 帧处插入关键帧并将“字 w”实例放大，然后在第 120 帧处创建传统补间动画，并在属性面板设置补间动画的缓动效果为“Bounce Ease-Out”。

6.3.5 控制代码的编辑

1. 停止影片自动播放

解锁所有图层，将播放头调整到第 1 帧处，选择菜单中的命令“窗口 | 动作”（或按快捷键【F9】），打开动作面板。单击脚本窗口上方的代码片断按钮，在打开的代码片断面板中依次选择“ActionScript| 时间轴导航”文件夹，然后双击其中的“在此帧处停止”选项，将相应的代码片断自动添加到脚本窗口，如图 6.9 所示。同时，在图层的最上方自动添加一个名为“Actions”的图层，并在此图层的第 1 关键帧上出现“a”字符，表示在此帧已添加了代码。

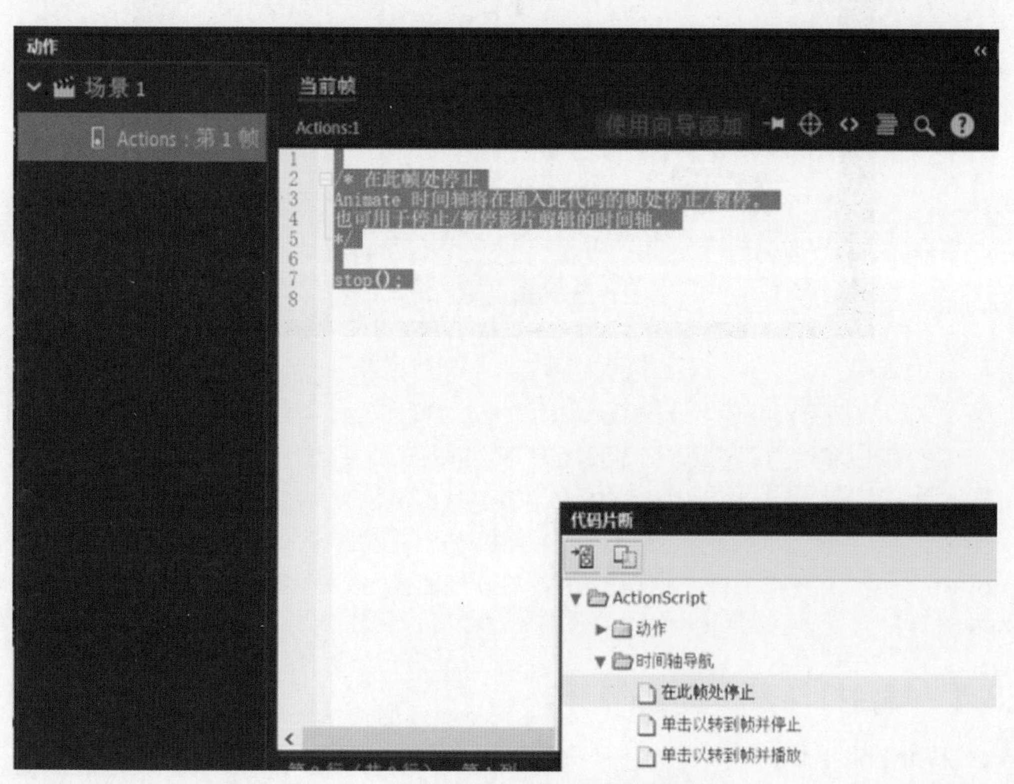

图 6.9 “在此帧处停止”代码片断的添加

2. 定义手形指针作为鼠标指针

保持播放头在第 1 帧处，选中手形影片剪辑实例“hand”，打开动作面板的代码片断，依次选择“ActionScript| 动作”文件夹，然后双击其中的“自定义鼠标指针”选项，将相应的代码片断自动添加到脚本窗口，代码片断和注释如图 6.10 所示。

```
/* 自定义鼠标指针
用指定的元件实例替换默认的鼠标指针。
*/

stage.addChild(hand);
hand.mouseEnabled = false;
hand.addEventListener(Event.ENTER_FRAME, fl_CustomMouseCursor_2);

function fl_CustomMouseCursor_2(event:Event)
{
    hand.x = stage.mouseX;
    hand.y = stage.mouseY;
}
Mouse.hide();

//要恢复默认鼠标指针，对下列行取消注释:
//hand.removeEventListener(Event.ENTER_FRAME, fl_CustomMouseCursor_2);
//stage.removeChild(hand);
//Mouse.show();
```

图 6.10　“自定义鼠标指针”的代码片断和注释

3. 恢复默认鼠标指针

为了在影片循环播放时不出现遗留手形指针的问题，在影片的最后需要恢复默认鼠标指针。具体方法是在“Actions”图层最后一帧（第 200 帧）处插入关键帧，将图 6.9 中代码所断的最后 3 行注释内容复制，然后把播放头拖到最后一帧，把这 3 行注释粘贴到代码窗口，并将每行注释前的注释符号删除，恢复默认鼠标指针的代码片断如图 6.11 所示。

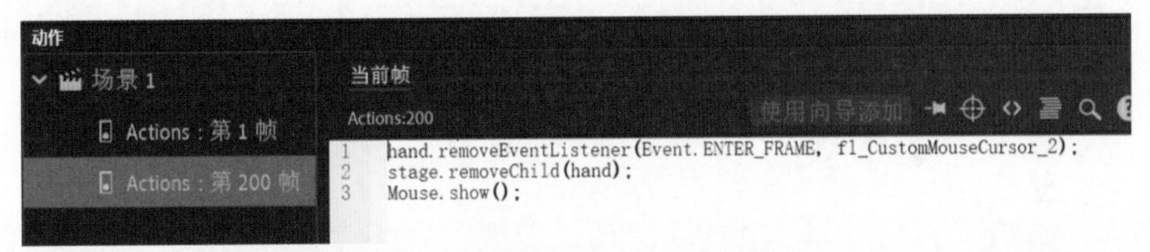

图 6.11　恢复默认鼠标指针的代码片断

4. “重播按钮”的交互功能

保持播放头在第 1 帧处，选中“播放按钮”实例“replayBtn”，打开动作面板的代码片断，依次选择“ActionScript| 时间轴导航”文件夹，然后双击其中的“单击以转到帧并播放”选项，将相应的代码片断自动添加到脚本窗口，找到 gotoAndPlay(5)，将圆括号中的 5 改为 2。因为第 1 帧有停止函数，所以重播只能从第 2 帧开始。“重播按钮”的代码片断和注释如图 6.12 所示。

```
/*单击以转到帧并播放
单击指定的元件实例会将播放头移动到时间轴中的指定帧并继续从该帧回放。
可在主时间轴或影片剪辑时间轴上使用。

说明:
1. 单击元件实例时，用希望播放头移动到的帧编号替换以下代码中的数字 5。
*/

replayBtn.addEventListener(MouseEvent.CLICK, fl_ClickToGoToAndPlayFromFrame);

function fl_ClickToGoToAndPlayFromFrame(event:MouseEvent):void
{
    gotoAndPlay(2);
}
```

图 6.12　“重播按钮”的代码片断和注释

5. “播放按钮”的交互功能

保持播放头在第 1 帧处，选中“播放按钮”实例“playBtn”，打开动作面板的代码片断，依次选择“ActionScript| 事件处理函数”文件夹，然后双击其中的“Mouse Click 事件”选项，将相应的代码片断自动添加到脚本窗口，找到 trace(" 已单击鼠标 ")，将此语句及其上一行的注释删除，手动输入语句 play();，注意圆括号和分号均在英文状态下输入。“播放按钮”的代码片断和注释如图 6.13 所示。

```
50
51  /* Mouse Click 事件
52  单击此指定的元件实例会执行您可在其中添加自己的自定义代码的函数。
53
54  说明:
55  1. 在以下"// 开始您的自定义代码"行后的新行上添加您的自定义代码。
56  单击此元件实例时，此代码将执行。
57  */
58
59  playBtn.addEventListener(MouseEvent.CLICK, fl_MouseClickHandler);
60
61  function fl_MouseClickHandler(event:MouseEvent):void
62  {
63      // 开始您的自定义代码
64      play();
65      // 结束您的自定义代码
66  }
67
```

图 6.13 “播放按钮”的代码片断和注释

6. “停止按钮”的交互功能

保持播放头在第 1 帧处，选中“停止按钮”实例“stopBtn”，打开动作面板的代码片断，依次选择“ActionScript| 事件处理函数”文件夹，然后双击其中的“Mouse Click 事件”选项，将相应的代码片断自动添加到脚本窗口，找到 trace(" 已单击鼠标 ")，将此语句及其上一行的注释删除，手动输入语句 stop();，注意圆括号和分号均在英文状态下输入，“停止按钮”的代码片断和注释如图 6.14 所示。

```
67
68  /* Mouse Click 事件
69  单击此指定的元件实例会执行您可在其中添加自己的自定义代码的函数。
70
71  说明:
72  1. 在以下"// 开始您的自定义代码"行后的新行上添加您的自定义代码。
73  单击此元件实例时，此代码将执行。
74  */
75
76  stopBtn.addEventListener(MouseEvent.CLICK, fl_MouseClickHandler_2);
77
78  function fl_MouseClickHandler_2(event:MouseEvent):void
79  {
80      // 开始您的自定义代码
81          stop();
82      // 结束您的自定义代码
83  }
84
```

图 6.14 “停止按钮”的代码片断和注释

6.4 拓展训练

6.4.1 表情变换的动画设计

1. 案例效果展示

表情变换的动画设计效果，如图 6.15 所示。

图 6.15　表情变换的动画截图

2. 动画设计要求

① 舞台宽 1280、高 720，帧速率为 12。

② 舞台上有一个表情平静的人物和 3 个选择表情的按钮（怒、笑、哭）。

③ 单击不同的按钮，人物的表情和动作会发生相应的变换。

④ 怒、笑、哭 3 个表情变换要有一定的动作，并以动态影片剪辑的形式表现。可以参考表 6.6 中的动作形态。

表 6.6　怒、笑、哭 3 个表情的动作形态

3. 要点提示

- 怒、笑、哭及平静 4 个表情的影片剪辑实例可分别命名为“angry”“happy”“cry”“calm”。
- 怒、笑、哭 3 个按钮实例可分别命名为“angryBtn” “happyBtn” “cryBtn” 。
- 代码控制的思路：将怒、笑、哭及平静 4 个表情的影片剪辑实例重叠放在舞台中心，并将怒、笑、哭 3 个实例先隐藏不可见。单击其中一个按钮则显示对应的表情实例，同时隐藏其他 3 个实例。
- 在第 1 帧添加的代码及说明如图 6.16 所示。此案例的代码以手动输入为主，结合代码片断完成输入。其中，按钮的响应函数通过代码片断的“事件处理函数 |Mouse Click 事件”来实现，然后手动输入花括号中的语句。

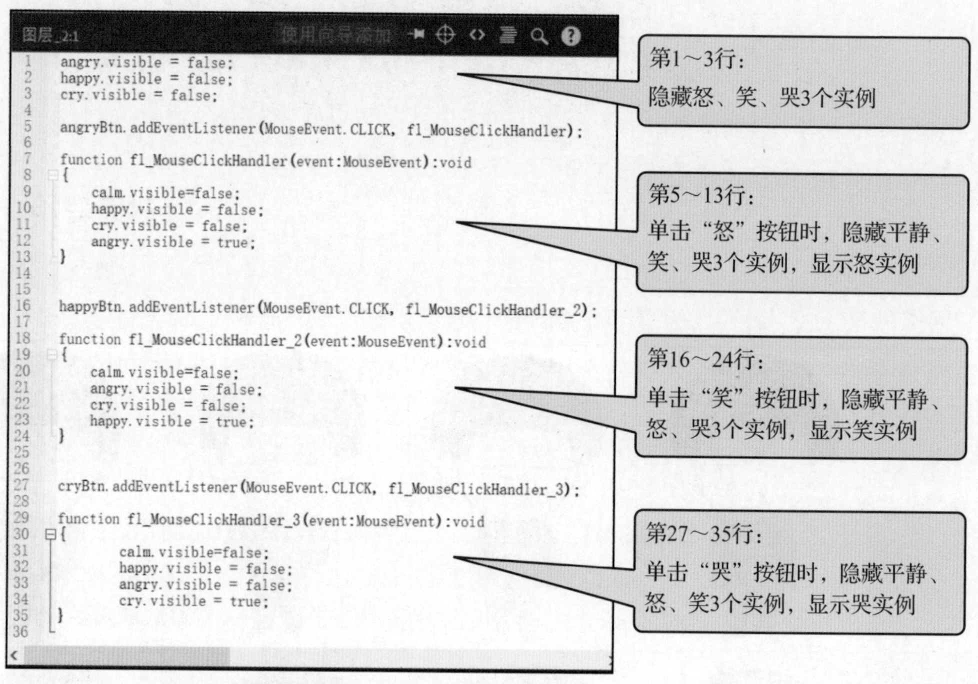

图 6.16　表情变换的代码及说明

6.4.2　旅游景点动态查询动画设计

1. 案例效果展示

旅游景点动态查询动画设计效果，如图 6.17 所示。

2. 动画设计要求

① 舞台宽 1800、高 1737，帧速率为 24。

② 分别设计 5 个箭头动态按钮，将其对应放在北京颐和园平面图的 5 个景点位置，它们分别是佛香阁、石舫、长廊、涵虚堂和十七孔桥。

③ 分别设计 5 个景点简介的影片剪辑实例，如图 6.18 所示。画面随着画轴的展开逐渐以淡入的效果显示出来，然后文字向左滚动显示。单击影片剪辑中旋转的“返回”按钮，则结束播放简介返回平面图。

3. 要点提示

① 动态“返回”按钮的第 1 帧是一个箭头上下跳动的影片剪辑实例，第 2 帧是景点名称，第 3 帧是落下的箭头，第 4 帧同第 3 帧相同，如图 6.19 所示。

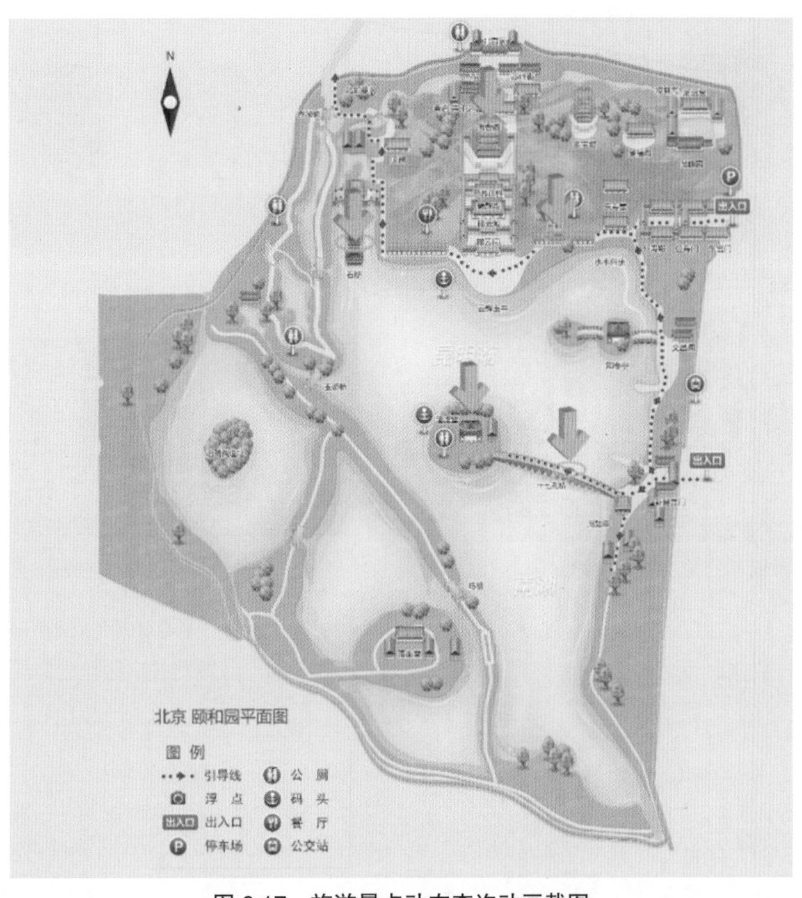

图 6.17　旅游景点动态查询动画截图

图 6.18　景点简介的影片剪辑实例

图 6.19　动态按钮 4 帧的形态

② 动态“返回”按钮也在第 1 帧放置箭头旋转的影片剪辑实例，其他各帧如图 6.20 所示。

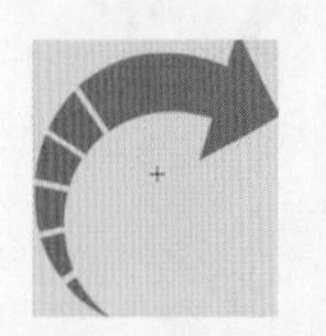

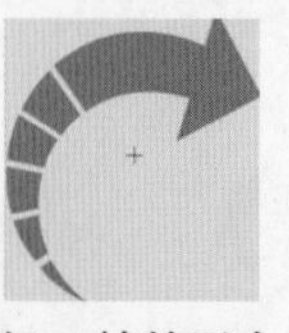

图 6.20　“返回”按钮 4 帧的形态

③ 佛香阁、石舫、长廊、涵虚堂和十七孔桥对应的 5 个按钮的实例名称分别为“BtnFXG”“BtnSF”“BtnCL”“BtnHXT”“BtnSQKQ”，对应的 5 个影片剪辑实例名称为“FXG”“SF”“CL”“HXT”“SQKQ”。

其中 5 个影片剪辑元件中嵌入的滚动文字影片剪辑实例名称分别为“FXGwz”“SFwz”“CLwz”“HXTwz”“SQKQwz”，嵌入的“返回”按钮实例名称分别为“FXGgoback”“SFoback”“CLoback”“HXToback”“SQKQoback”。

④ 景点简介的影片剪辑实例可以导入上一个工作任务扩展案例中画轴展开的动画，然后稍加改动，并且在其中加入“返回”按钮和滚动文字影片剪辑元件（也是用遮罩层实现的）。

⑤ 主时间轴的代码如图 6.21 所示。其中，按钮的响应函数通过代码片断的“事件处理函数 |Mouse Click 事件”来实现，然后手动输入花括号中的语句。

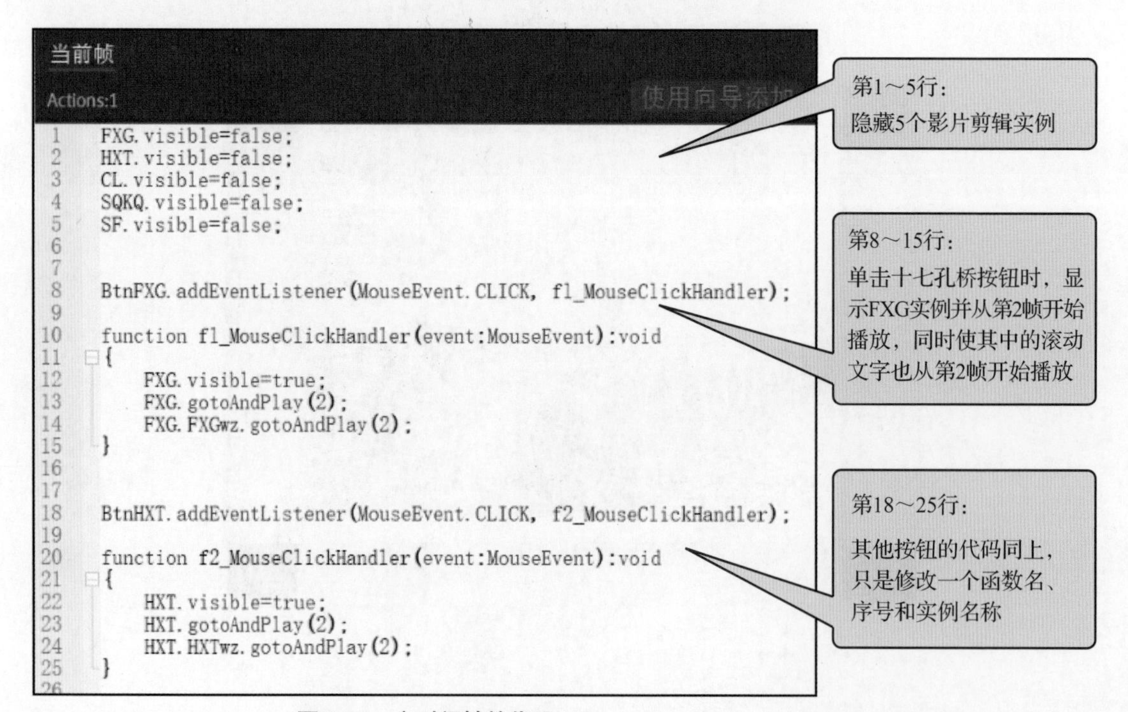

图 6.21　主时间轴的代码

⑥ 景点简介影片剪辑实例时间轴的代码分别在3个关键帧处：第1关键帧中的是“stop();”、最后关键帧中的是“this.visible=false;”（this代表本实例，即介绍完了就让自己隐藏）、第90关键帧（“返回”按钮出现的帧）中的代码如下。

```
“HXTgoback.addEventListener(MouseEvent.CLICK, fl_MouseClickHandler_4);
function fl_MouseClickHandler_4(event:MouseEvent):void
{
gotoAndPlay(500);  // 到简介最后一帧，不同的简介时长不一样，所以最后结束帧的数值也不一样
}”
```

⑦ 其他景点的影片剪辑实例的代码同上，只用改一下代码中的名称和“返回”按钮帧的位置。

⑧ 滚动文字影片剪辑实例第1关键帧中代码是“stop();”，其他景点的滚动文字实例第1关键帧中代码同这个景点一样。

工作任务 7

动态漫画音效与演播设计

声音在影片中的运用

7.1 案例引入

要使动画更加完美、更加吸引观众，只有精彩的画面和有趣的情节是不够的。给动画添加声音，使动画"声情并茂"地进行展示，是优秀动画必备的条件。借助于声音的烘托，动画会更加的生动，会具有更强的艺术感染力。

给动画添加的声音，既可以选用现成的声音文件，也可以选用自己录制的配音文件，无论哪种都需要导入动画文件的库，然后根据需要将其设置为背景音乐、动作伴音、语音对白或按钮音效等。

动态漫画音效与演播设计案例通过给画面加入背景音乐和动作音效，使动画情节更加紧张、刺激。

7.1.1 案例展示截图与动画二维码

 动态漫画音效与演播动画截图	 扫码观看动画效果

7.1.2 案例分析与说明

本案例通过动态漫画的形式，展示了女主角在洗澡过程中发生的一段悬疑故事。本案例在设计时主要利用多场景来完成，案例中使用了 10 个场景，分别展示了 10 个镜头的内容，通过每个场景的“下一页”和“上一页”按钮将它们串成一个完成的故事。同时，从第一场景开始加入贯穿始终的背景音乐，并且在每个场景给不同的动作添加了动作音效，画面和声音的有效结合把故事的紧张气氛表达得更加充分，给人身临其境的感觉。

本案例主要有两个重点知识目标：一个目标是掌握将声音有效添加到动画中的方法，通过将导入的外部声音添加到影片中，并根据不同的需要选择动画与声音相应的同步方式，使动画的艺术表现更加丰富和生动；另一个目标是熟练运用多个场景来设计动画，通过添加多个场景，将影片以分镜为单位分成多个片段，在各个场景中分别进行设计、制作，有效地满足制作、测试及控制的需求。

7.2 知识探究

7.2.1 添加场景与场景面板

1. 多个场景的作用

场景是动画元素最大的活动空间，像多幕话剧一样，动画可以由多个场景组成。当动画内容比较复杂、时间比较长时，往往需要添加多个场景来把动画分解为多个片段。

添加多个场景的好处是一方面可以只测试本场景的影片，不必像只有一个场景那样，每次只能从头开始测试，影响测试的效率。测试场景时可以选择菜单中的命令“控制 | 测试场景”或按组合键【Ctrl+Alt+Enter】。另一方面当与人合作进行动画创作时，按场景分工进行设计不受时间轴前后的限制，大家可以并行开展工作，以便有效提高设计和制作的效率。

2. 添加多个场景

添加场景的方法有以下两种。

方法一：选择菜单中的命令“插入 | 场景”，直接插入一个新场景。

方法二：选择菜单中的命令“窗口 | 场景”或按组合键【Shift+F2】打开场景面板，利用该面板中的“新建场景”按钮来插入场景，也可以利用场景面板中的“删除”按钮来删除场景、重命名场景或调整场景的排列顺序，如图 7.1 所示。

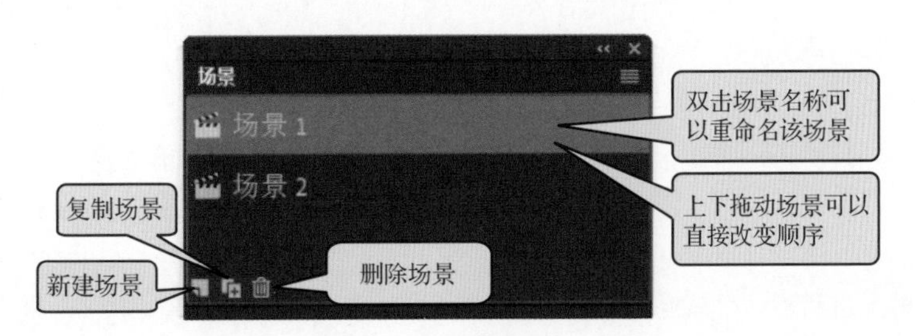

图 7.1 场景面板

7.2.2 声音文件及其导入

要想在动画中加入声音，需要先将外部的声音文件通过菜单中的命令“文件 | 导入 | 导入到

库”导入库，然后在需要的关键帧处通过属性面板进行添加，如图 7.2 所示。

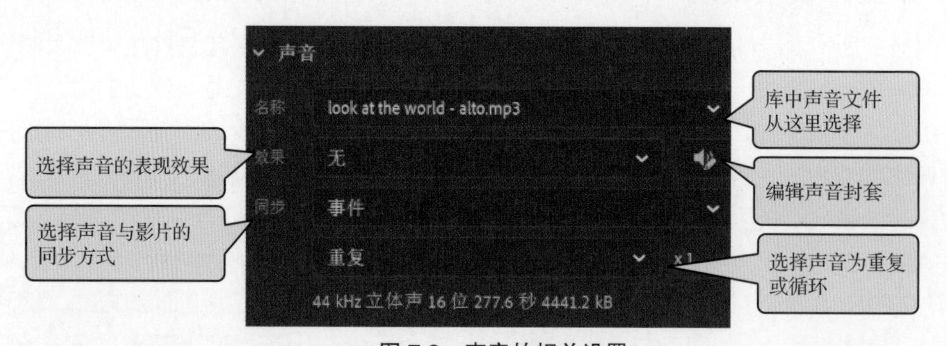

图 7.2　声音的相关设置

An 软件可以导入的声音文件格式有 AIFF、WAV、MP3、FLAC、ASND 等。

7.2.3　背景音乐的设置

当需要给一个动画添加背景音乐时，首先要选择合适的同步方式。声音的同步方式有“事件”“开始”“停止”“数据流”4 种，具体含义如下。

- “事件”：这是系统默认的方式，当动画进行到导入声音文件的帧时开始播放声音，它独立于时间轴中帧的播放状态，即使影片停止，声音文件也将继续播放，直至整个声音文件播放完毕。如果影片循环播放再次遇到导入声音文件的帧时，无论前一次声音文件是否播放完毕，都会重新开始播放该声音文件。
- “开始”：和“事件”方式相似，当动画进行到该声音文件导入帧时，声音文件开始播放，但在播放过程中如果再次遇到导入同一声音文件的帧时，将继续播放该声音，而不播放再次导入的声音文件。
- “停止”：时间轴播放到该帧后，停止该关键帧中指定的正在播放的声音文件。
- “数据流”：强制动画与音频流保持同步播放。如果动画开始时导入声音文件并播放，当动画结束时声音也随之停止。当有多个场景时，前一个场景的声音会随着该场景的结束而结束，不会延续到下一个场景继续播放。

可以根据以上说明为动画添加背景音乐，要根据动画结尾和声音长度的实际情况，选择“开始”方式或“数据流”方式。

7.2.4　说话或动作伴音的设置

当需要给人物说话、走路或汽车启动等动作添加伴音时，为了更好地与动作同步，一般采用“开始 + 停止”或“数据流 + 停止”的方式，具体含义如下。

- “开始 + 停止”方式：当动作开始时在声音图层的此处插入关键帧，添加所需的伴音并设置同步方式为开始；当动作结束时，在声音图层的此处也插入关键帧，添加同一伴音并设置同步方式为停止。如果伴音素材很短，可以选择“重复”并选择恰当的重复次数，以保证声音与动作同步。
- “数据流 + 停止”方式：与“开始 + 停止”方式没有什么区别，只是在伴音比较长时，声音和动作的同步性更好一些。

如果想改变素材声音在动画中的声道，可以选择“左声道”“右声道”“淡入”“淡出”等效果，也可以利用声音封套来自定义声音效果。单击属性面板的“声音编辑封套”按钮，打开“编辑封套”对话框，如图 7.3 所示。可以利用其中的编辑按钮和控点来调整声音的声道和长短等。

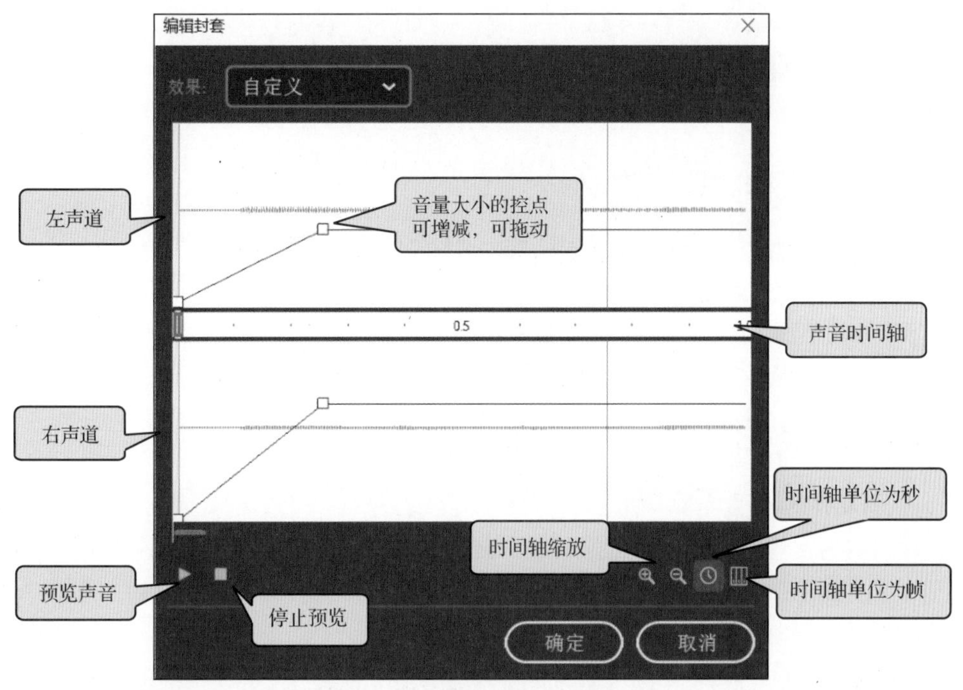

图 7.3 “编辑封套”对话框

7.2.5 按钮音效的设置

为动画中的按钮添加音效，需要进入按钮元件，在按钮的时间轴创建一个图层，并在其第2、3 帧处插入关键帧，用于添加鼠标指针经过和单击时的声音。根据同步方式的说明，按钮上声音的同步方式只能选择“开始”。

7.2.6 分类管理库文件

随着动画内容越发丰富，库面板中的元件种类和数量都在不断增加，为了更好地管理和使用元件或素材，需要建立文件夹来分类存放元件或素材，如图 7.4 所示。

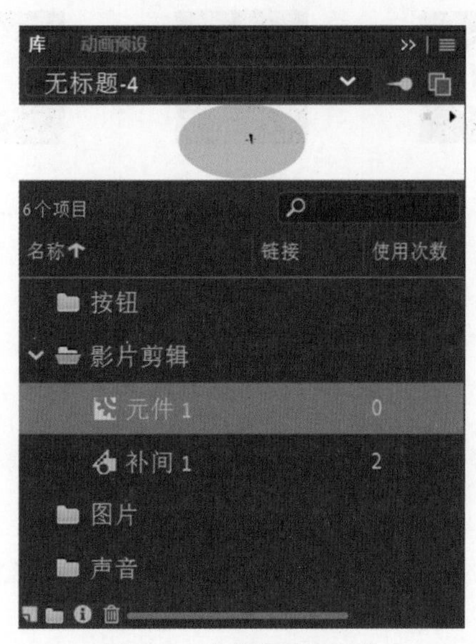

图 7.4 分类管理库文件

7.3 案例制作

7.3.1 新建文档并导入素材

① 打开 An 软件，在“新建文档”对话框中选择“角色动画”“标准”“ActionScript 3.0”等，并手动设置舞台大小（宽 1080、高 1920），然后单击“创建”按钮直接进入 An 软件的工作界面。

② 利用属性面板将新文档的舞台背景颜色设置为“黑色”。

③ 将所需图片素材、声音素材分别导入库，并且为了使用方便，要适当重命名相关的素材。

7.3.2 制作元件

1. 按钮元件的制作

影片需要用到的 3 个控制按钮分别是“上一页”“下一页”“返回”，其中“返回”按钮从上一个工作任务的库中复制到本案例的库中即可，创建另外 2 个按钮之后按照表 7.1 所示编辑各帧的外观及颜色。

表 7.1 3 个控制按钮各帧的外观及颜色

	弹起	指针经过	按下	单击
“上一页”按钮	从外到内的颜色 #B2D8E8 #E7F2F6 #484848	从外到内的颜色 #FFFFFF #FFFFFF #484848	从外到内的颜色 #2D8BB2 #2D8BB2 #FFFFFF	圆的颜色 # E7F2F6
“下一页”按钮	颜色同上	颜色同上	颜色同上	颜色同上

在这里特别说明一下，之前的颜色设置我们都是以 RGB 模式来表示的，即用 3 个十进制数来分别表示 R、G、B 的颜色值，如白色就表示为（255 255 255）。实际上在 An 的颜色面板中，也可以用 6 位十六进制数来表示，比如白色可以表示为 #FFFFFF。以上两种方法只是表示方式上的不同，本质上没有差别，都是通过数值对颜色进行设定，在后续的内容中我们多采用十六进制数来表示颜色。

2. 湿雾元件的制作

第 1 个场景中要用到湿雾来烘托气氛，创建名为“湿雾”的影片剪辑元件，其颜色为白色，透明度设置为 50%，在第 1、10、60 关键帧中的外观如图 7.5 所示。在 3 个关键帧之间分别创建补间形状动画，用于呈现湿雾随机变换的渐变动态效果。

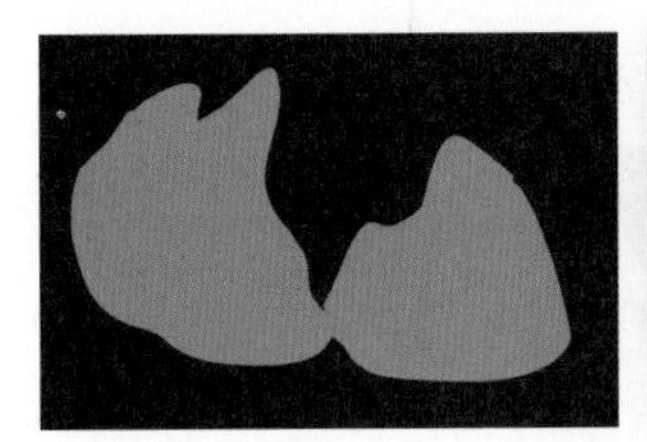
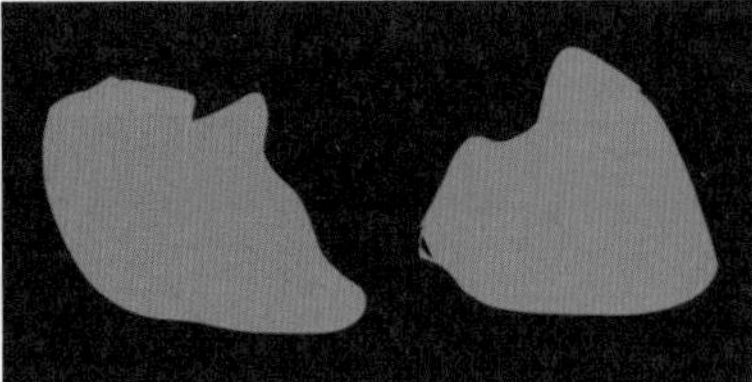
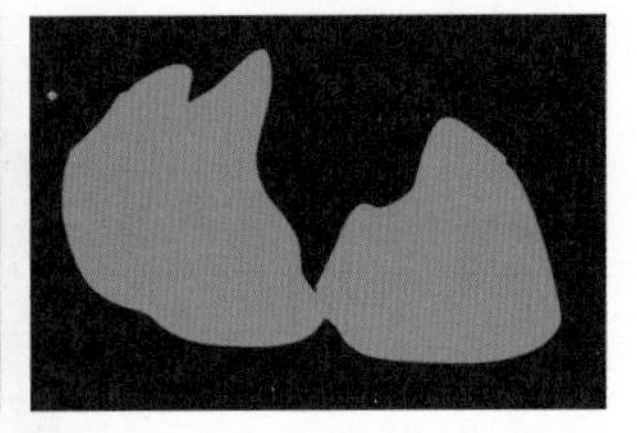

图 7.5　湿雾在第 1、10、60 关键帧中的外观

3. 风效元件的导入

第 7 个场景中要用到风效来渲染气氛，可以从外部导入表现风效的影片，使其成为影片剪辑元件并命名为“风效”。

4. 滚珠元件的制作

第 8 个场景中要用到水珠滚动的动作，这个水珠可以从素材图片中抠取。具体方法是从外部导入素材图片到舞台上，如图 7.6（a）所示。选择菜单中的命令“修改 | 位图 | 转换位图为矢量图”，在弹出的“转换位图为矢量图”对话框中进行相关设置，位图就变为矢量图了。选择水珠外围的填充颜色并进行删除，效果如图 7.6（b）所示。然后选择水珠边上未删除的填充颜色，用橡皮工具的“擦除所选填充”模式就可以在不损坏水珠的情况下把刚才选中的填充色擦除，如图 7.6（c）所示。最后框选水珠并将其转换为“滚珠”影片剪辑元件，如图 7.6（d）所示。

（a）素材图片原图

（b）删除水珠外围部分填充

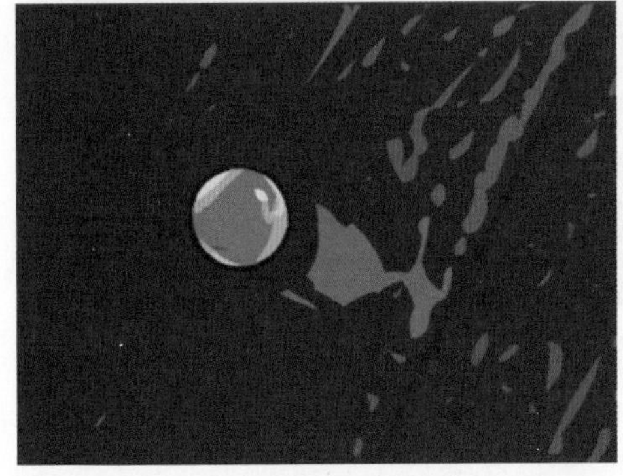
（c）删除水珠边上填充

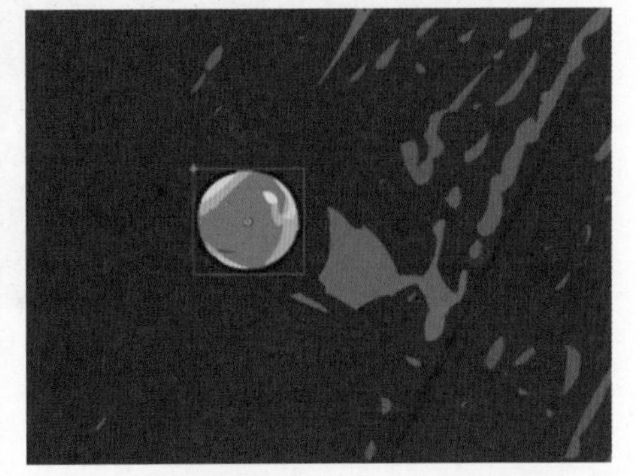
（d）把水珠转换为“滚珠”影片剪辑元件

图 7.6　“滚珠”元件的制作步骤

5. 开门元件的制作

① 第 6 个场景中要用到手拧门锁的开门动作，可以创建一个名为“开门”的图形元件，在元件中导入素材图片，然后按“滚珠”元件的制作步骤从图中抠取所需的手臂局部。手臂局部

的抠取结果如图 7.7 所示。

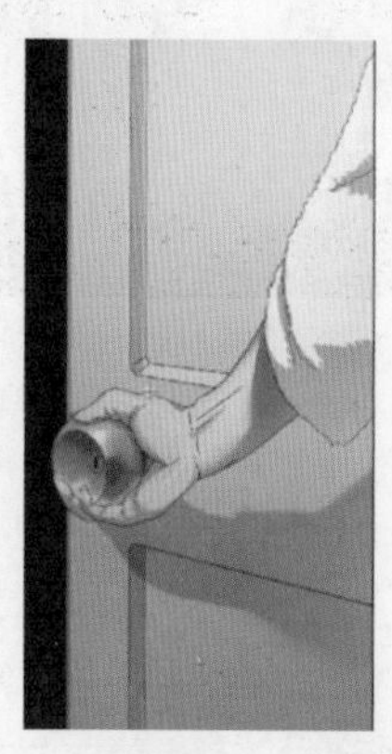

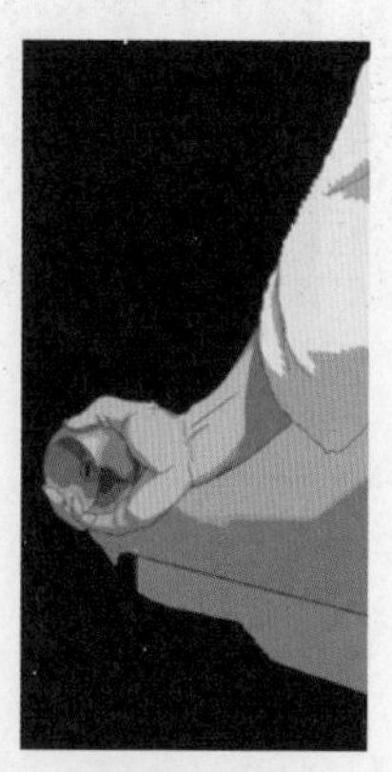

图 7.7　手臂局部的抠取结果

② 在“手臂”图层的下方分别添加“原图”和“遮挡”图层，在“原图”图层中存放原始图片，在“遮挡”图层中存放一个矩形，用以挡住下方“原图”图层中的手臂。然后在“手臂”图层创建传统补间动画，完成以锁心为中心点的右旋动作，时间轴的设置如图 7.8 所示。

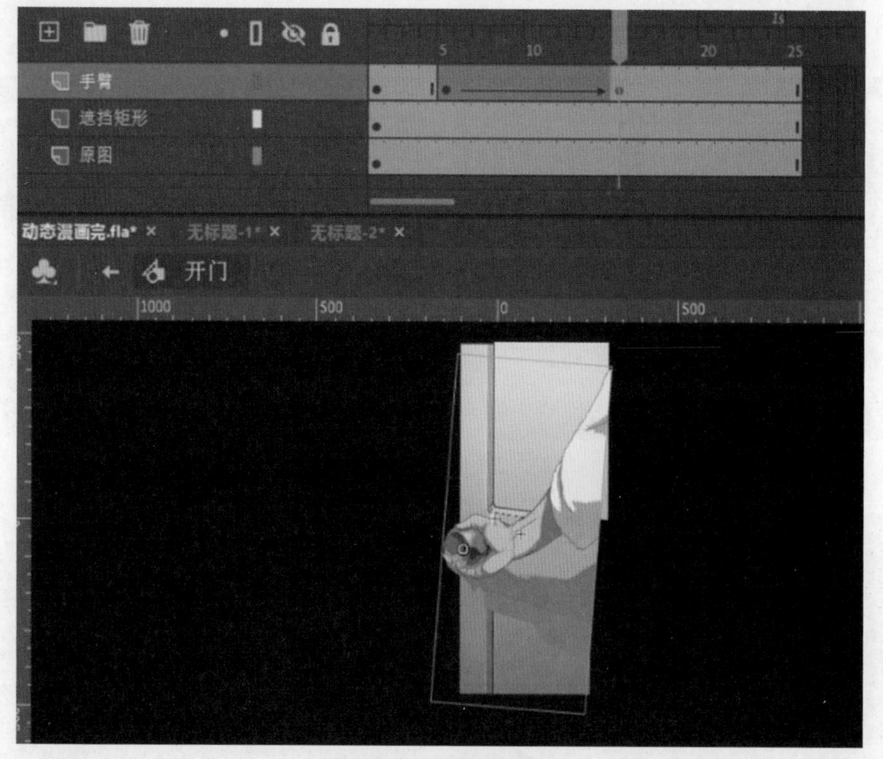

图 7.8　时间轴的设置

6. 舞台遮罩元件的制作

为了将舞台之外多余的部分遮住，可以创建“舞台遮罩”影片剪辑元件，在其中绘制一个与舞台一样大的灰色矩形（1080、1920）。

7. GIF 动图元件的制作

第 10 个场景中要用到一个动图，可以从外部导入 GIF 图片素材，将其添加到“GIF 动图”图形元件中，元件的时间轴中有 9 帧图片，为了在最后一帧图片上有停顿，需要在第 34 帧处插入帧。

7.3.3 动画制作与音效设置

动画共分为 10 个场景，各场景的舞台效果如图 7.9 所示。

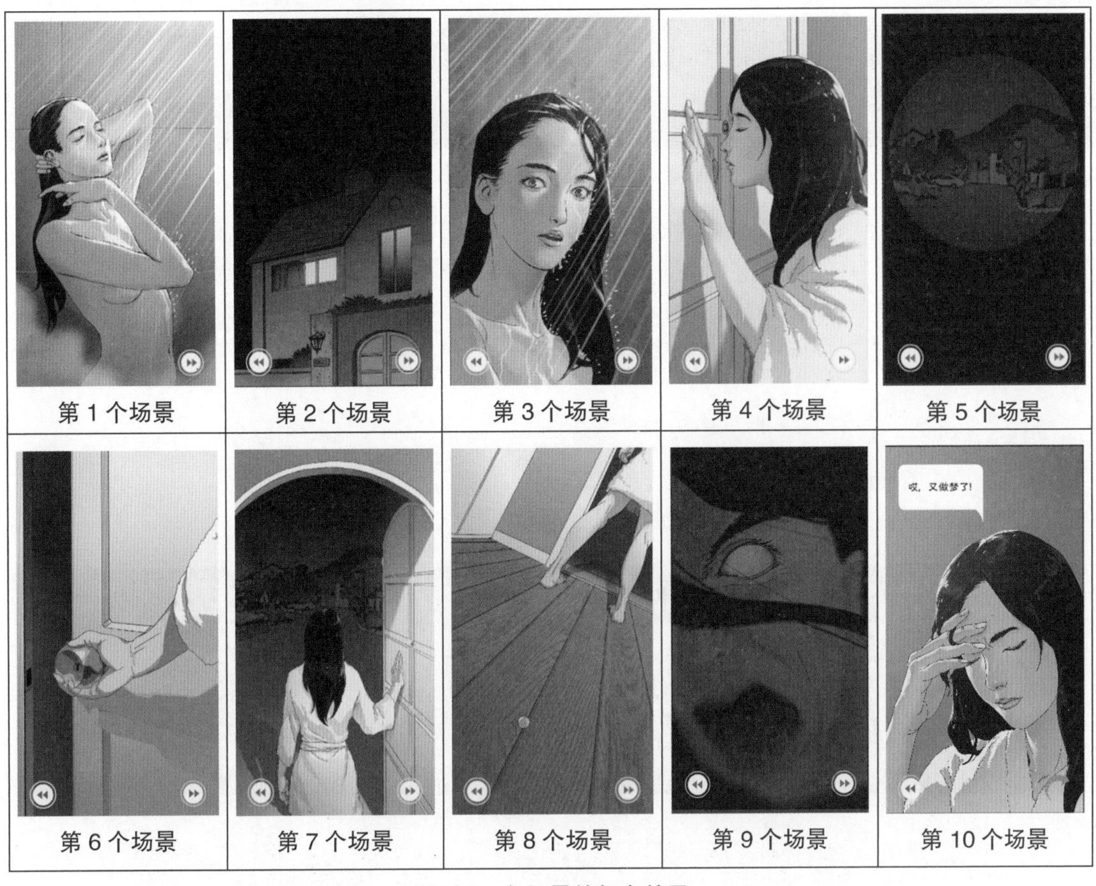

图 7.9 各场景的舞台效果

1. 场景 1 的动画制作与音效设置

① 按图 7.10 所示创建图层并设置时间轴的长度。

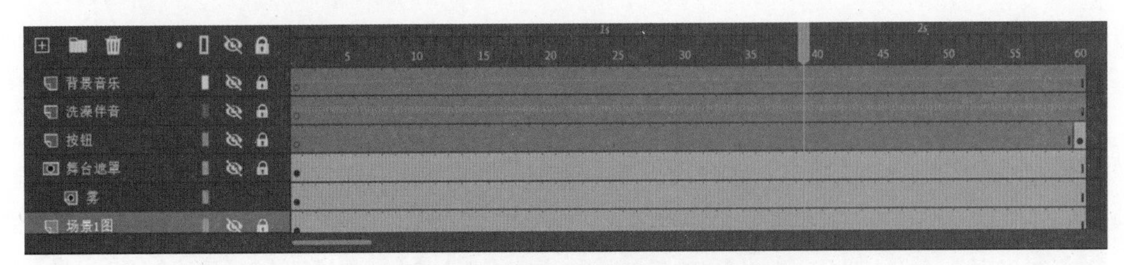

图 7.10 场景 1 的图层设置及时间轴的长度

② 将对象添加到相应的图层，将舞台遮罩与雾两个图层设置为遮罩关系，并将雾图层的“湿雾”影片剪辑实例在属性面板中的透明度设置为 50%，添加模糊滤镜为模糊 X50、模糊 Y50、品质为高。再把“按钮”图层的第 1 关键帧拖到最后一帧处。场景 1 的舞台效果如图 7.9 所示。

③ 在“洗澡伴音”图层第 1 关键帧的声音属性面板选择声音文件“洗澡 .wav”，并设置效果为淡出，同步为数据流，重复 1 次。

④ 在“背景音乐”图层第 1 关键帧的声音属性面板选择声音文件“吟 – 恐怖 .wav”，并设置效果为淡出，同步为开始，重复 1 次。

2. 场景 2 的动画制作与音效设置

① 按图 7.11 所示创建图层并设置时间轴的长度。

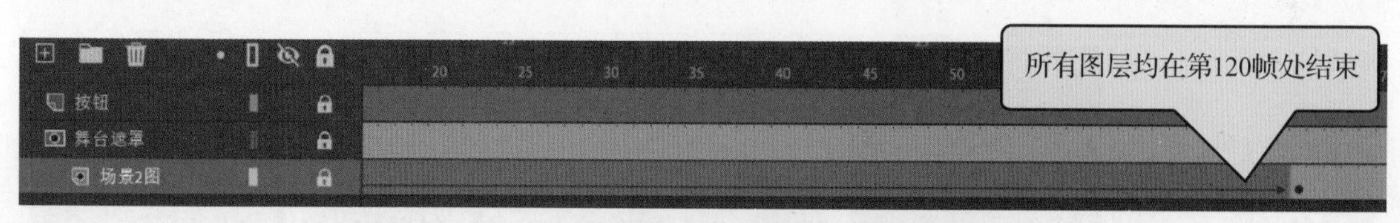

图 7.11　场景 2 的图层设置及时间轴的长度

② 将对象添加到相应的图层，把“按钮”图层的第 1 关键帧拖到最后一帧处。

③ 在“场景 2 图”图层中的第 70 帧处插入关键帧，在第 1 帧和第 70 帧之间创建传统补间动画，然后将第 1 帧和第 70 帧处对象的位置坐标在属性面板分别设置为（0,1921）和（0,0），并在第 1 帧的补间属性面板设置效果为“Quad Ease-Out”，这样就实现了第 1 ～ 70 帧图片垂直上移的渐变动画。

④ 本场景只有背景音乐（从场景 1 延续过来，不用再添加），不用再添加其他声音。

3. 场景 3 的动画制作与音效设置

① 按图 7.12 所示创建图层并设置时间轴的长度。

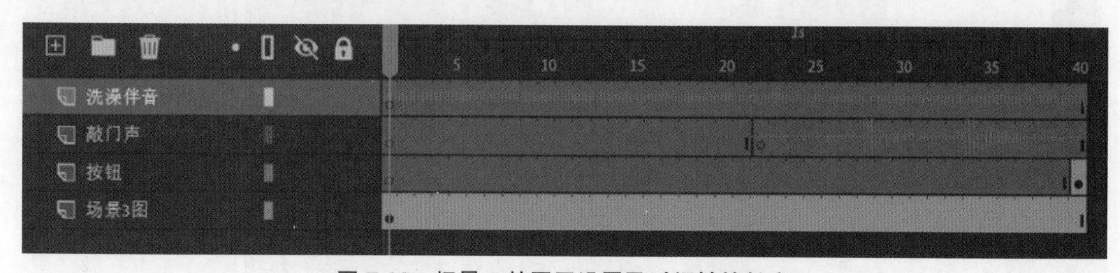

图 7.12　场景 3 的图层设置及时间轴的长度

② 将对象添加到相应的图层中，把“按钮”图层的第 1 关键帧拖到最后一帧处。

③ 在“洗澡伴音”图层第 1 关键帧的声音属性面板选择声音文件“洗澡 .wav”，并设置效果为淡出，同步为数据流，重复 1 次。

④ 在“敲门声”图层第 1 关键帧的声音属性面板选择声音文件“敲门 .wav”，并设置效果为无，同步为数据流，重复 1 次。

4. 场景 4 的动画制作与音效设置

① 按图 7.13 所示创建图层并设置时间轴的长度。

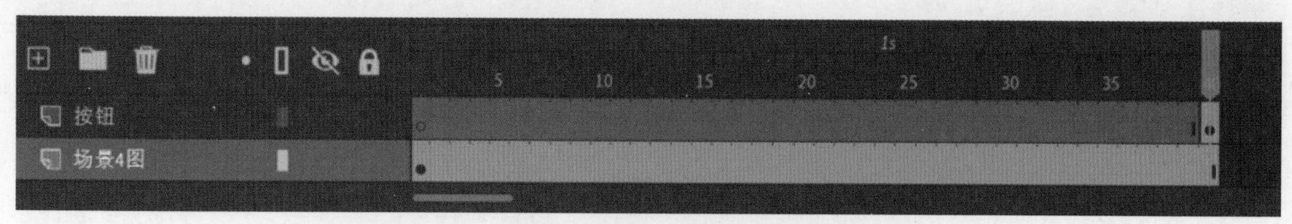

图 7.13　场景 4 的图层设置及时间轴的长度

② 将对象添加到相应的图层中，把“按钮”图层的第 1 关键帧拖到最后一帧处。

③ 本场景只有背景音乐（从场景 1 延续过来，不用再添加），不用再添加其他声音。

5. 场景 5 的动画制作与音效设置

① 按图 7.14 所示创建图层并设置时间轴的长度。

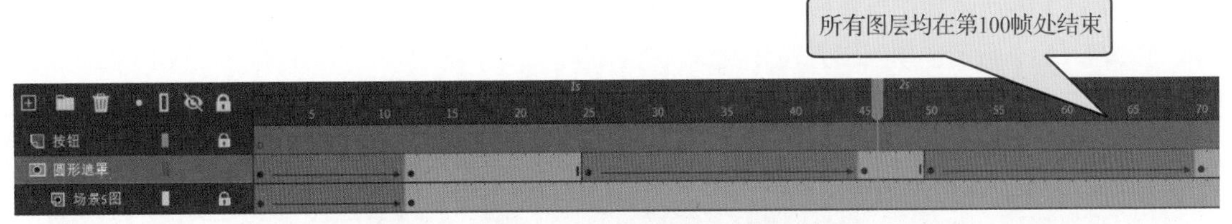

图 7.14　场景 5 的图层设置及时间轴的长度

② 将对象添加到相应的图层中，把“按钮”图层的第 1 关键帧拖到最后一帧处。

③ 在“圆形遮罩”图层中绘制一个正圆并将其转换为影片剪辑元件，然后在第 12、25、45、50、70 帧处插入关键帧，并在图示的关键帧之间创建传统补间，实现圆形由垂直闭合到打开的渐变动画效果。

④ 在“场景 5 图”图层的第 12 帧处插入关键帧，然后在第 1 ～ 12 帧创建传统补间，完成图片的透明度从 0% ～ 100% 的渐变动画效果。

⑤ 本场景只有背景音乐（从场景 1 延续过来，不用再添加），不用再添加其他声音。

6．场景 6 的动画制作与音效设置

① 按图 7.15 所示创建图层并设置时间轴的长度。

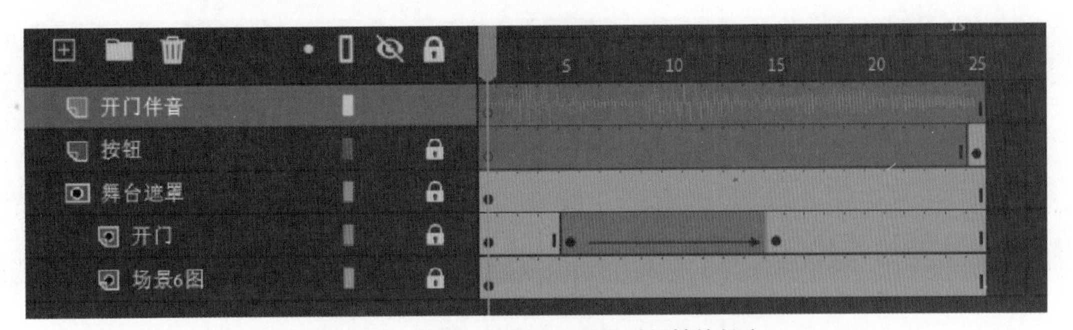

图 7.15　场景 6 的图层设置及时间轴的长度

② 将对象添加到相应的图层中，把“按钮”图层的第 1 关键帧拖到最后一帧处。

③ 在“开门”图层中的第 5 帧处插入关键帧，并用任意变形工具将中心点移到舞台右边缘处，如图 7.16 所示。再在第 15 帧处插入关键帧，并在第 5 ～ 15 帧创建传统补间，在第 15 帧用任意变形工具横向压缩“开门”实例的宽度，实现门缝开大的动画效果。

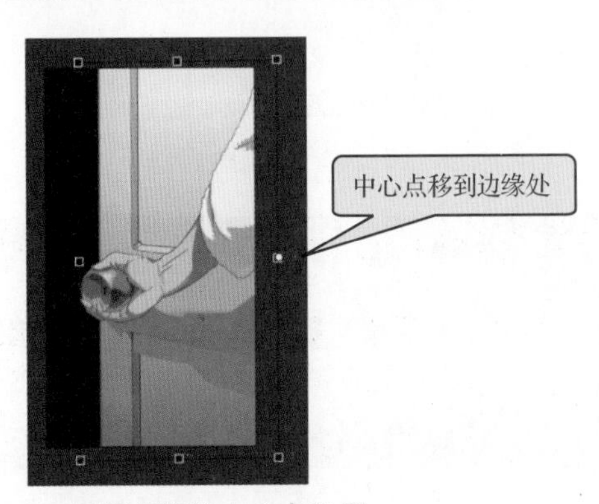

图 7.16　开门实例的中心点位置

④ 在“开门伴音”图层第 1 关键帧的声音属性面板选择声音文件“开门 .wav”，并设置效果为淡出，同步为数据流，重复 1 次。

7. 场景 7 的动画制作与音效设置

① 按图 7.17 所示创建图层并设置时间轴的长度。

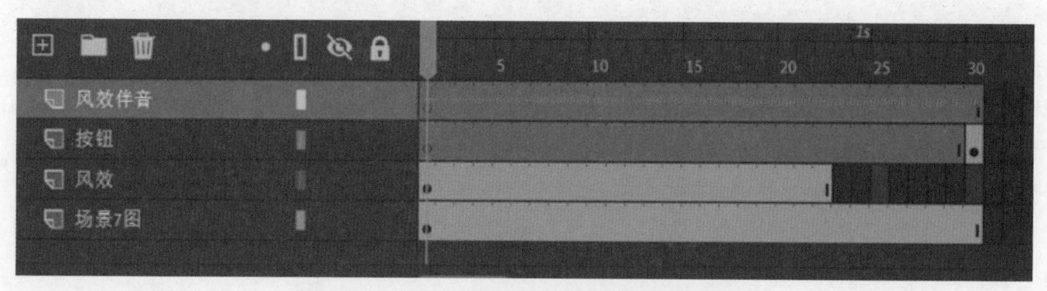

图 7.17 场景 7 的图层设置及时间轴的长度

② 将对象添加到相应的图层中，把“按钮”图层的第 1 关键帧拖到最后一帧处。

③ 在“风效伴音”图层第 1 关键帧的声音属性面板选择声音文件“风声 .wav”，并设置效果为淡出，同步为数据流，重复 1 次。

8. 场景 8 的动画制作与音效设置

① 按图 7.18 所示创建图层并设置时间轴的长度。

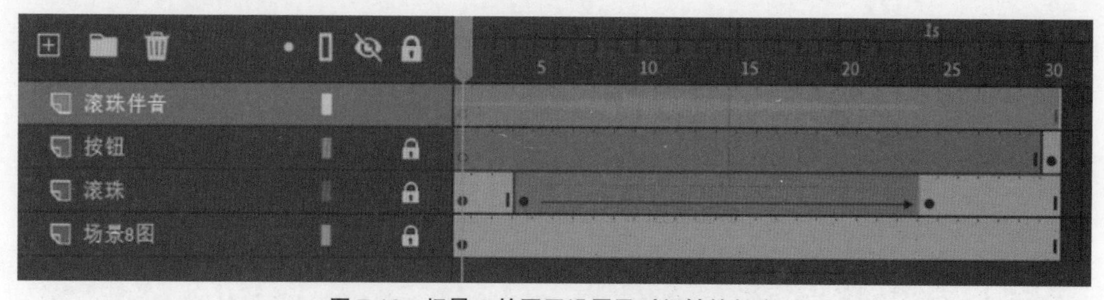

图 7.18 场景 8 的图层设置及时间轴的长度

② 将对象添加到相应的图层中，把“按钮”图层的第 1 关键帧拖到最后一帧处。

③ 在“滚珠”图层第 5 帧和第 24 帧处插入关键帧，并在它们之间创建传统补间。把第 5 帧和第 24 帧处的滚珠放在不同的位置，然后在第 5 帧处补间属性面板中的旋转设置为“顺时针”2 次，效果设置为“Cubic Ease-Out”，实现滚珠从右下角向左上方滚动的效果。

④ 在“滚珠伴音”图层第 1 关键帧的声音属性面板选择声音文件“气流声 .wav”，并设置效果为无，同步为数据流，重复 1 次。

9. 场景 9 的动画制作与音效设置

① 按图 7.19 所示创建图层并设置时间轴的长度。

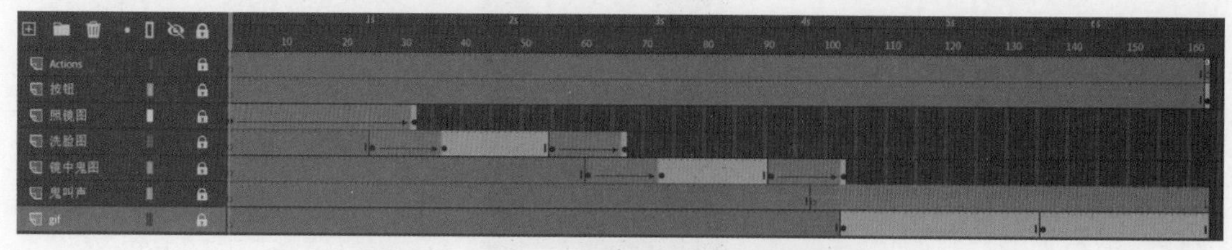

图 7.19 场景 9 的图层设置及时间轴的长度

② 将对象添加到相应的图层中，把“按钮”图层的第 1 关键帧拖到最后一帧处。

③ 在“gif”图层中将第 1 关键帧拖到第 103 帧处，再在第 136 帧处插入关键帧，并将动图元件中最后一帧图片复制到此帧。

④ 在“照镜图”图层中的第 32 帧处插入关键帧，然后创建传统补间动画来实现图片淡出的动画效果。

⑤ 在“洗脸图”图层中将第 1 帧拖到第 25 帧处，再在第 37、55、67 帧处插入关键帧，然后按上图所示创建传统补间动画来实现图片淡入和淡出的动画效果。

⑥ 在“镜中鬼图”图层中将第 1 帧拖到第 61 帧处，再在第 73、91、103 帧处插入关键帧，然后按上图所示创建传统补间动画来实现图片淡入和淡出的动画效果。

⑦ 把“鬼叫声”图层第 1 关键帧拖到第 98 帧处，然后在声音属性面板选择声音文件“恶鬼嚎叫 .wav”，并设置效果为自定义（声音先由小到大，再由大到小），同步为数据流，重复 1 次。

10. 场景 10 的动画制作与音效设置

① 按图 7.20 所示创建图层并设置时间轴的长度。

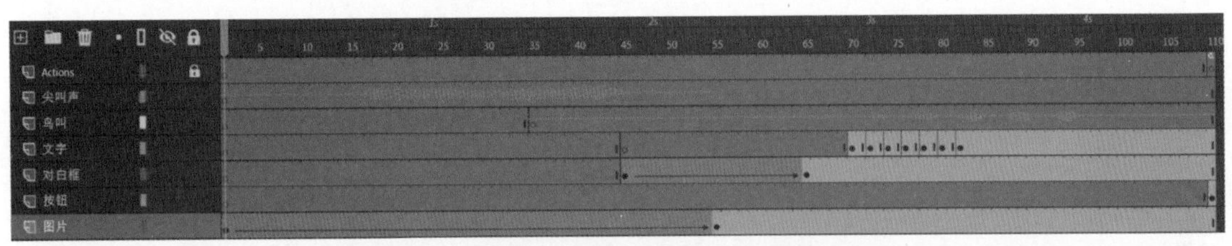

图 7.20 场景 10 的图层设置及时间轴的长度

② 将对象添加到相应的图层中，把“按钮”图层的第 1 关键帧拖曳到最后一帧处。

③ 在“尖叫声”图层第 1 关键帧的声音属性面板选择声音文件“尖叫 .wav”，并设置效果为无，同步为数据流，重复 1 次。

④ 在“鸟叫”图层第 35 关键帧的声音属性面板选择声音文件“鸟叫 .wav”，并设置效果为淡出，同步为数据流，重复 1 次。

⑤ 在“字体”图层第 70、72、74、76、78、80、82 关键帧处添加文字，文字内容为“唉，又做梦了！”

⑥ 在“对白框”图层第 45 帧和第 65 帧处插入关键帧，然后按上图所示创建传统补间动画来实现对白框淡入的动画效果。

⑦ 在“图片”图层第 1 帧和第 55 帧处插入关键帧，然后按上图所示创建传统补间动画来实现图片淡入的动画效果。

7.3.4 演播控制设计

1. 各场景按钮实例的命名

要在每个场景中的按钮上添加控制代码，首先需要对按钮实例进行命名，具体名称如表 7.2 所示。

表 7.2 各场景按钮的名称

按钮名	场景名					
	第 1 场景	第 2 场景	第 3 场景	…	第 9 场景	第 10 场景
“上一页”按钮	无	lastBtn2	lastBtn3	…	lastBtn9	lastBtn10
“下一页”按钮	nextBtn1	nextBtn2	nextBtn3	…	nextBtn9	无
“返回”按钮	无					returnBTn

2. 添加演播控制代码

① 阻止自动播放。当动画中有多个场景时，在影片测试或播放过程中，前一个场景播放完后自动播放下一个场景，直至全部场景播放完。为了阻止动画在播放过程中自动转到下一个场景播放，需要在每个场景的最后一帧处，在代码窗口选择“ActionScript| 时间轴导航 | 在此帧处停止”，此时代码窗口中会出现“stop();”语句。

② “下一页”按钮的跳转功能。选择每个场景的“下一页”按钮实例，然后在代码窗口选择“ActionScript| 时间轴导航 | 单击以转到下一场景并播放”，代码窗口中会出现如下语句。

```
nextBtn2.addEventListener(MouseEvent.CLICK, fl_ClickToGoToNextScene_2);
function fl_ClickToGoToNextScene_2(event:MouseEvent):void
{
    MovieClip(this.root).nextScene();
}
```

③ “上一页”按钮的跳转功能。选择每个场景的“上一页”按钮实例，然后在代码窗口选择“ActionScript| 时间轴导航 | 单击以转到前一场景并播放”，代码窗口中会出现如下语句。

```
lastBtn2.addEventListener(MouseEvent.CLICK, fl_ClickToGoToPreviousScene);
function fl_ClickToGoToPreviousScene(event:MouseEvent):void
{
    MovieClip(this.root).prevScene();
}
```


④ 停止所有声音。选择最后一个场景的“返回”按钮实例，然后在代码窗口选择“ActionScript| 音频和视频 | 单击以停止所有声音”，代码窗口中会出现如下语句。

```
returnBtn.addEventListener(MouseEvent.CLICK, fl_ClickToStopAllSounds_1);
function fl_ClickToStopAllSounds_1(event:MouseEvent):void
{
    SoundMixer.stopAll();
}
```

⑤ “返回”按钮的跳转功能。选择最后一个场景的“返回”按钮实例，然后在代码窗口选择“ActionScript| 时间轴导航 | 单击以转到场景并播放”，并将代码窗口出现的代码中默认的“场景 3”改为“场景 1”，最后的代码如下。

```
returnBtn.addEventListener(MouseEvent.CLICK, fl_ClickToGoToScene);
function fl_ClickToGoToScene(event:MouseEvent):void
{
    MovieClip(this.root).gotoAndPlay(1, "场景 1");
}
```

7.4 拓展训练

7.4.1 "K 歌之王"趣味选歌系统制作

1. 案例效果展示

"K 歌之王"趣味选歌系统制作效果，如图 7.21 所示。

图 7.21 "K 歌之王"趣味选歌系统动画截图

2. 动画设计要求

① 舞台宽 1400、高 900，帧速率为 24。

② 图 7.21 所示为场景 1，先单击舞台右下角的"展开"按钮，再单击"微信""Twitter""微博""播放音乐"4 个按钮会从右侧依次滑入舞台。单击前 3 个按钮会跳转到相应的网站中，单击"播放音乐"按钮则转入下一个场景。场景 2 为准备播放音乐状态，如图 7.22 所示。

③ 单击图 7.22 中的按钮，会进入场景 3 播放第 1 首音乐，第 1 首音乐的播放画面和结束时的问题如图 7.23 所示。图 7.23 中除了文字，其他部分都是引用了外部导入的 GIF 动图素材。当音乐播放完后会出现图 7.23 右图中所示的问题及 4 个选项。答错会重播此音乐，答对则跳到下一首音乐。

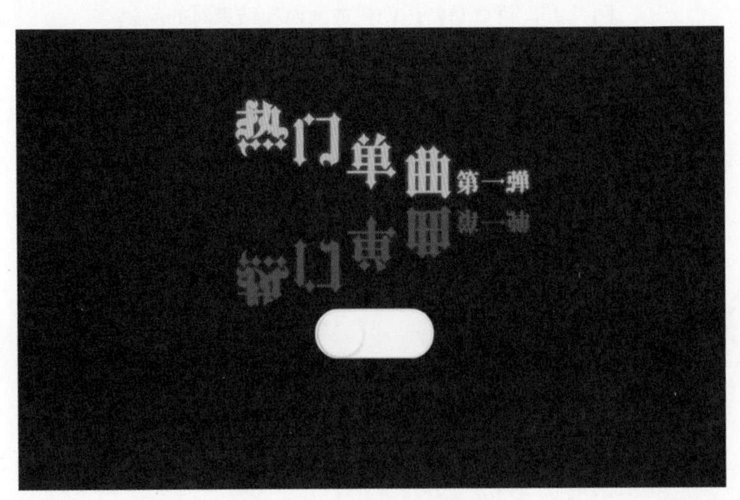

图 7.22 准备播放音乐状态

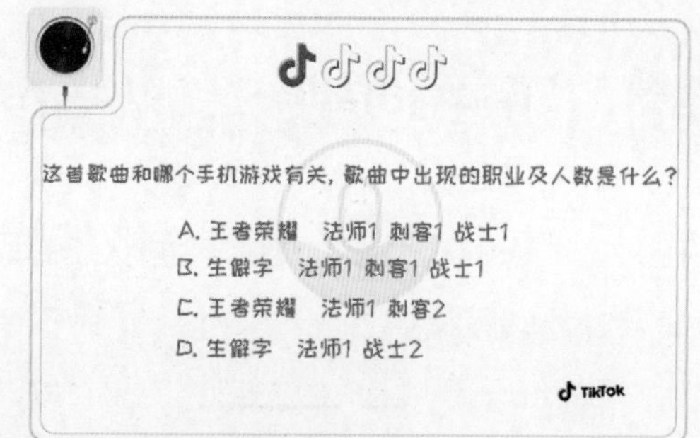

图 7.23　第 1 首音乐的播放画面和结束时的问题

④ 第 2 ～ 4 首音乐的播放画面和结束时的问题分别如图 7.24 ～图 7.26 所示。

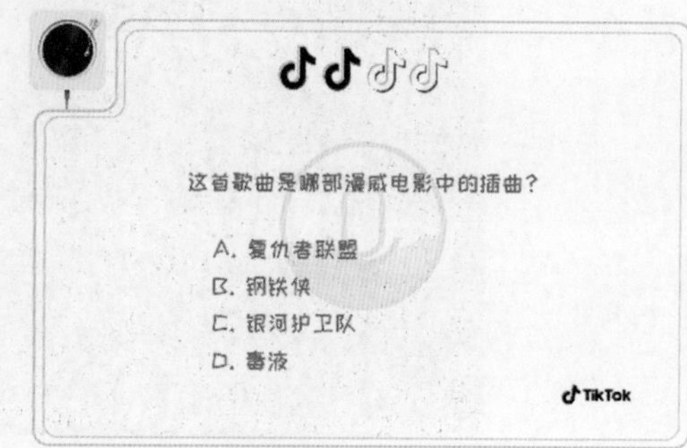

图 7.24　第 2 首音乐的播放画面和结束时的问题

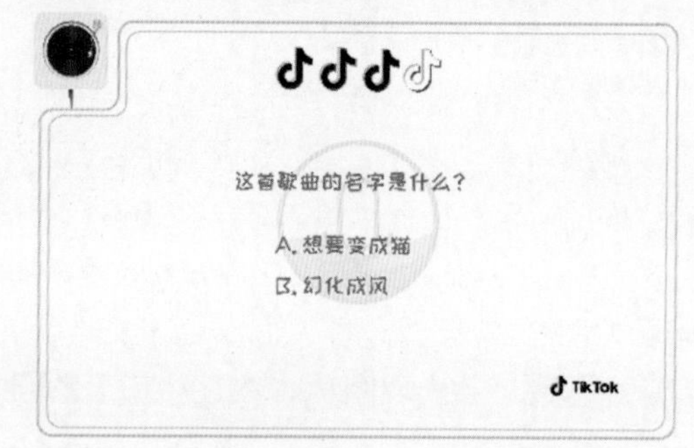

图 7.25　第 3 首音乐的播放画面和结束时的问题

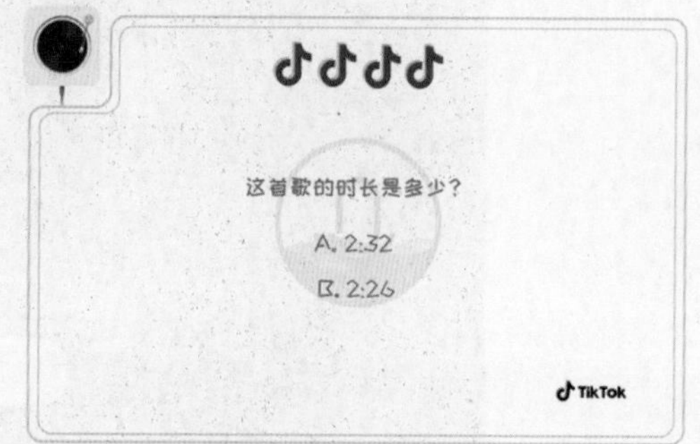

图 7.26　第 4 首音乐的播放画面和结束时的问题

⑤ 在最后的结束场景中当单击“重播”按钮时，将从场景 1 重新开始播放，如图 7.27 所示。

图 7.27　最后结束场景的“重播”按钮

3．要点提示

- 场景 1 和场景 2 有一个背景音乐，在进入场景 3 前停止背景音乐的播放，然后转到第 3 场景并播放，代码如下所示。

```
stopsoundBtn.addEventListener(MouseEvent.CLICK, fl_ClickToStopAllSounds_2);
function fl_ClickToStopAllSounds_2(event:MouseEvent):void
{
    SoundMixer.stopAll();        // 单击混音器以停止所有声音的播放
}
stopsoundBtn.addEventListener(MouseEvent.CLICK, fl_ClickToGoToNextScene_2);
function fl_ClickToGoToNextScene_2(event:MouseEvent):void
{
    MovieClip(this.root).nextScene();        // 单击以转到下一场景并播放
}
```

- 每个播放音乐的场景最后都会停下来，并显示问题，每个答案选项都是按钮，单击不同的按钮后会转到不同的场景（答案正确则到一下场景，错误则回到本场景），代码如下所示。

```
stop();        // 最后一帧停止自动播放

AoptBtn.addEventListener(MouseEvent.CLICK, fl_ClickToGoToScene);
function fl_ClickToGoToScene(event:MouseEvent):void
{
    MovieClip(this.root).gotoAndPlay(143, " 场景 3");
}        // 单击以转到本场景并播放
```

```
BoptBtn.addEventListener(MouseEvent.CLICK, fl_ClickToGoToScene_2);
function fl_ClickToGoToScene_2(event:MouseEvent):void
{
    MovieClip(this.root).gotoAndPlay(1, " 场景 4");
}
```

单击以转到下一场景并播放

• 最后场景的“重播”按钮同上面的代码类似，只是场景名为“场景 1”。

7.4.2 架子鼓模拟演奏器制作

1. 案例效果展示

架子鼓模拟演奏器制作效果，如图 7.28 所示。

扫码观看
动画效果

图 7.28 架子鼓模拟演奏器动画截图

2. 动画设计要求

① 舞台宽 1280、高 720，帧速率为 24。

② 将鼠标指针改为自定义的鼓棒形状。

③ 用鼓棒单击不同的鼓和镲会发出对应的音乐声音。

3. 要点提示

① 将鼓棒影片剪辑元件命名为“Drumstick”，然后在代码窗口通过选择“ActionScript | 动作 | 自定义鼠标光标”的代码片断，完成将鼠标指针变为鼓棒形状的代码的编辑。

② 将所有的鼓和镲都制作成按钮元件，鼓和镲的形状从原图片中抠取，并将对应的声音素材添加到按钮的第 3 帧上（按下），在声音属性面板中设置同步方式为“事件”。

综合篇

工作任务 8

《生日快乐》歌曲MV 动画设计

歌曲 MV 的制作 -1

歌曲 MV 的制作 -2

8.1 案例引入

一个好的二维动画短片既离不开画面的表现，也离不开声音渲染的配合，然而在设计之初，根据两者创作的先后顺序不同，出现了两种具体的形式，即“画配音”和“音配画”。

其中，“画配音”的创作形式比较常见，许多动画短片都是采用这种形式创作和设计的。这种形式根据故事脚本先设计分镜的画面或动画，然后配上合适的背景音乐、对白和动作伴音等，通过为画面配上声音，达到声情并茂的生动效果。

“音配画”的创作形式则是先有声音素材，然后人们根据声音表现的内容，为其设计对应的画面和动画，以二次创作的形式增添原声音素材的艺术魅力。常见的短片形式有歌曲动画MV，以及为相声和小品等制作的“音配画”短片。前些年 CCTV-3 中热播的“快乐驿站”栏目，就是创作团队运用 Flash 软件技术进行“音配画”设计的，这些短片给本就充满喜剧色彩的相声和小品等增加了丰富的视觉效果，令人耳目一新，深受广大观众的喜爱。

《生日快乐》歌曲 MV 动画设计案例就是为歌曲《生日快乐》进行以“音配画”创作的动画短片。

8.1.1 案例展示截图与动画二维码

《生日快乐》歌曲 MV 动画截图

8.1.2 案例分析与说明

本案例首先对歌曲进行分析，然后根据歌曲的内容把它分段，全曲分为前奏、主歌和尾段 3 个部分。根据歌曲的 3 个部分把动画对应地分成 3 个分镜。案例中使用了 3 个场景，分别展示了 3 个分镜的内容。其中，第一个分镜主要用于配合音乐来烘托和营造气氛；第二个分镜是配合歌词设计庆祝的动画；第三个分镜用于配合音乐的演奏来逐渐释放喜悦的情绪。

本案例主要有两个重点知识目标：一个目标是掌握歌曲 MV 的制作流程和方法，通过音乐分段与多场景形式的结合，体现"音配画"短片从整体框架到局部设计的创作方法；另一个目标是掌握动画分镜的设计与实现的方法，通过将动画分镜的设计与多场景制作方法的结合，使二维动画设计与 An 软件制作技术达到有效统一。

8.2 知识探究

8.2.1 歌曲分段与影片框架

1. 歌曲分段

为歌曲制作动画 MV 的第一步就是分析歌曲的内容和旋律，根据它要表达的主题及情感的变化，就像为一篇文章进行分段一样，将歌曲大致分为几个不同的段落。接下来就是根据动画分镜的表现，对段落进行调整，最终达到一个段落对应一个分镜的目的。

2. 搭建影片框架

① 新建一个文档，将歌曲导入库，在时间轴的第 1 帧添加该歌曲，并设置同步方式为数据流。然后根据歌曲的长度在歌曲结束处插入结束帧（比如 2 分钟的歌曲需要在第 2880 帧处插入结束帧）。

② 从第 1 帧开始按【Enter】键播放声音，当播放到第 1 个和第 2 个段落的分界处再次按【Enter】键停止播放，并记录当前帧的位置。继续按【Enter】键，依此类推，分别记录每个分界处帧的位置，然后将每个段落首尾帧的值相减就得到各段落所需的帧数。

③ 为了歌词字幕的设计需要，再从第 1 帧开始按【Enter】键听一次歌曲，这次主要是记录每句歌词所在段落的起止帧位置，以此作为后期在动画中添加歌词字幕的时间参考。

④ 再新建一个文档，根据歌曲分段添加多个场景，使每个场景对应一个段落。然后按顺序在每个场景中，根据上面计算好的帧数分别在第一个图层对应处插入帧。重命名该图层为"长度限制"，并锁定该图层。

⑤ 根据歌曲分段对应建立多个场景，而且每个场景对应一个分镜，每个分镜需要设计多少帧的内容到此就全部确定了，整个影片的框架就搭建完成了，后续只需要逐个设计和制作分镜内容即可。

8.2.2 动画分镜的概念

动画分镜又称故事板、分镜头本或导演剧本，是动画制作过程中非常重要的前期设计部分。它是由导演或创作者根据文字剧本绘制的动画的各个镜头的分镜草图，直观体现了导演的想法和设计风格，统领动画的整体效果。简而言之，就是将文字剧本画面化，用画面"讲故事"。

完整的分镜头剧本看起来很像一部连环画，每个画面代表了一个镜头，并在旁边配有相应的文字说明，为动画将来的具体制作提供指导和参考。可以在分镜纸上手绘分镜图，也可以通过相应的软件进行绘制，无论使用哪种绘制方法都不需要将人物造型刻画得很细腻，只要能让之后的创作人员看懂就可以。

分镜画面主要由 4 部分组成：镜号、画面、描述和时间。其中，镜号就是镜头的编号，画面就是该镜头要表达的内容（如场景与人物关系、人物的表演、镜头的运动），描述就是解释画面状态（如人物情绪、对白和制作指示），时间就是该镜头的拍摄时间（如 3 秒 10 帧）。

8.2.3 镜头效果设计

1. 镜头效果的分类

在拍摄影片时，摄影机连续不断的一次拍摄就是一个镜头。镜头是由画面和音效组成的一个信息单位，它的职能是提供信息。

在设计二维动画时，由于不存在真正的摄影机，所以只能通过舞台来模拟摄影机，从而得到所谓的镜头效果。镜头效果的分类与镜头的分类一致，即根据拍摄方法的不同分为静止拍摄和运动拍摄两种。其中，镜头静止的拍摄也称固定拍摄，它是在摄影机机身和机位不变的条件下进行的拍摄，反映在同一场景中被摄对象或动或静的形态；而运动拍摄是摄影机在推、拉、摇、移、跟、升降、旋转和晃动等不同形式的运动中进行的拍摄，它可以用不断运动的画面来体现时间的推移和空间的转换。

2. 镜头效果的实现

在二维动画中，镜头就是舞台，舞台上展现的对象和场景就是镜头画面中的内容。舞台是静止不动的，这与固定镜头的效果是一致的。那么要如何表现运动镜头效果呢？只能从相对运动的角度出发，以场景的反方向运动替代镜头的运动，比如将场景从右向左移动就可以实现从左向右的运动镜头效果。

在 An 软件中，运动镜头效果可以方便地通过摄像头工具来实现，当鼠标指针变为摄像头时，就可以模拟摄像机的各种运动，只是舞台不动，场景画面会随摄像头的运动自动做反向运动。

可以在 An 软件中的摄像头图层创建传统补间动画，这样，摄像头的移动、缩放、旋转、晃动等正好可以模拟实现运动镜头的推、拉、摇、移、跟、升降、旋转和晃动的表现效果。

8.2.4 动画预设

动画预设是 An 软件系统预配置的补间动画，可以将它们应用于舞台上的对象。选择菜单中的命令“窗口 | 动画预设”或单击折叠面板中的“动画预设”按钮，可以展开动画预设面板，如图 8.1 所示。

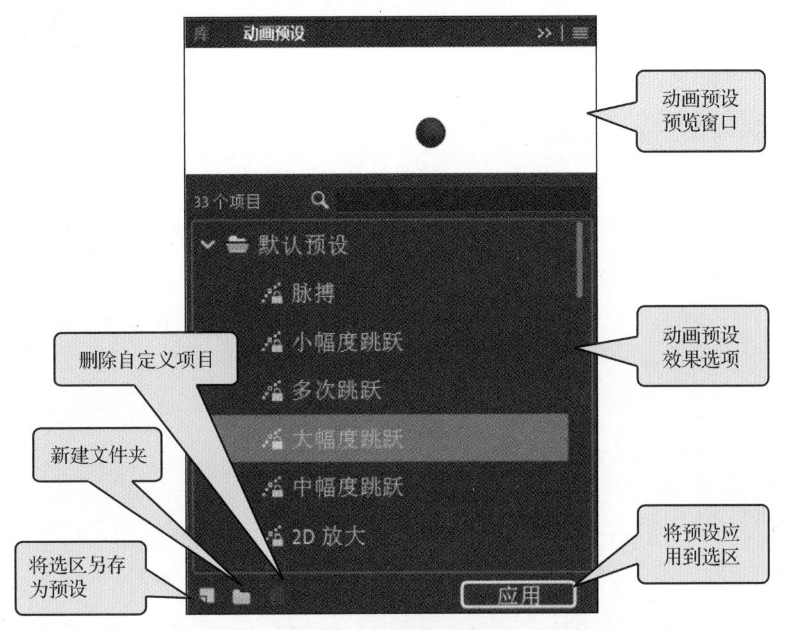

图 8.1 动画预设面板

使用动画预设可以极大地节约制作时间，有效提高动画设计的效率。使用动画预设的具体方法是选择舞台上的对象（元件实例或文本），然后从动画预设面板选择要应用的预设效果，然后单击“应用”按钮即可。每个动画预设都包含特定数量的帧，当应用预设后，时间轴中会自动创建包含此帧数的补间，可以拖动最后一帧的边框来调整预设的动画时长。

每个对象只能应用一个预设，如果将第 2 个预设应用于相同的对象，则第 2 个预设将替代第 1 个预设，并自动调整动画所用时长。

包含三维动画的预设只能应用于影片剪辑实例。用户如果想创建并另存为自定义动画预设，需要先创建动画，这个动画的类型必须是补间动画类型，不能是传统补间动画类型，然后将动画的时间段选中，单击图 8.1 中的“将选区另存为预设”按钮，并以自定义的名称保存在面板的自定义预设文件夹中，之后便可以像使用系统动画预设一样来使用该自定义动画预设。

8.3 案例制作

8.3.1 歌曲分析

首先对《生日快乐》歌曲进行分析，将全曲分为前奏、主歌和尾段 3 个部分。其中只有主歌部分有歌词，而且主歌部分内容紧凑、歌词一致，可以成为一个完整的段落，再加上首尾各为一个段落，这样这首歌就可以分成 3 个段落。

歌曲长度约为 1 分 15 秒，帧速率为 24 的文档共需要约 1800 帧，通过在时间轴添加末尾帧的方法，最终确定歌曲播放完共需要 1810 帧，如图 8.2 所示。

图 8.2　歌曲播放所需要的帧数

按照上述确定段落长度的方法，计算得出歌曲前奏部分需要 740 帧，主歌部分需要 360 帧，尾段部分需要 710 帧，共计 1810 帧。

8.3.2　场景设计

① 打开 An 软件，在“新建文档”对话框中选择“角色动画”“标准”“ActionScript 3.0”等，并手动设置舞台大小（宽 1280、高 720）、帧速率 24、背景为白色，然后单击“创建”按钮直接进入 An 软件的工作界面。

② 把场景 1 的“图层_1”的名称改为“长度限制”，然后在第 740 帧处插入帧，锁定该图层。

③ 根据分镜设计的需要，每个分镜对应 1 个场景，所以要再插入场景 2 和场景 3，分别将两个场景的“图层_1”的名称也改为“长度限制”，并分别在第 360 帧和第 710 帧处插入末尾帧，并分别锁定该图层。

8.3.3　分镜设计

根据歌曲的分段，把 3 个部分的动画分别用 3 个分镜来完成，如表 8.1 所示。

表 8.1　《生日快乐》歌动画分镜表

镜号	画面	内容	备注	秒数
	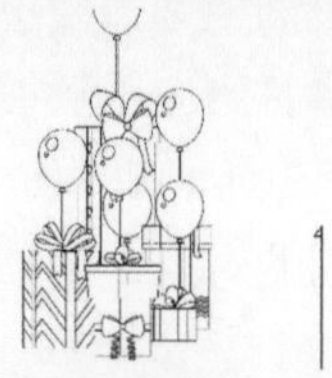	一组礼包由下而上进入镜头，然后气球上升至离开镜头。接着礼包逐个稍微变大并从不同方向移出		19.7
01		镜头中出现蛋糕		
	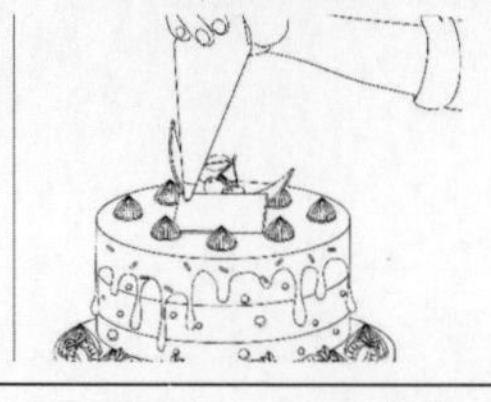	推镜头给蛋糕特写，同时从右侧移入手握奶油枪		2.90
01		用奶油枪依次写出“生日快乐”4 个字，并从右侧移出		9.40

续表

镜号	画面	内容	备注	秒数
02		特写的红球由下向上移出，同时露出插好蜡烛的蛋糕		2.20
	 祝你生日快乐	手握打火机从左侧移入，并从右向左依次点燃蜡烛。与音乐同步出现“祝你生日快乐”字幕。字幕以淡入、淡出方式变换，并与音乐同步逐字变化（由灰变红）		7.11
	 祝你生日快乐	手握打火机从左侧移出，然后蛋糕逐渐淡出镜头		5.11
03	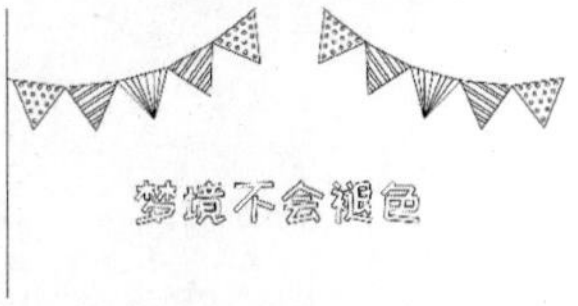 梦境不会褪色	左右彩旗依次落下，在右侧彩旗落下后半程寄语 1 淡入出现，然后停留 2 秒		6.11
	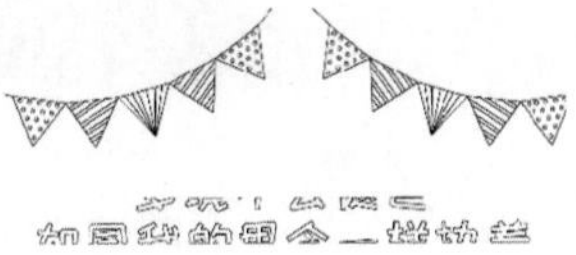	寄语 2 ～寄语 7 依次向上滚动，每条寄语停留 2 秒		14.18
	 生日快乐!	寄语 8 向上滚动，然后“生日快乐”4 个字依次上下循环弹跳		2.11
	 HAPPY BIRTHDAY	寄语 8 形状渐变为英文寄语，并停留 2 秒		2.11
	 HAPPY BIRTHDAY TO YOU	横幅和礼花筒由下而上依次移入，然后礼花筒释放礼花		3.11

其中，第一个分镜主要是用礼包和蛋糕等道具来营造庆祝生日的环境与气氛；第二个分镜是配合歌词设计点燃生日蜡烛的重要情节，并且与音效同步呈现歌词字幕；第三个分镜主要是利用文字表达生日寄语，并借助礼花等道具展现喜庆的场景。

8.3.4 元件制作

1. 礼包元件的制作

根据设计需要创建 6 个礼包影片剪辑元件，分别是“礼包 1”～“礼包 6”，各礼包元件的外观和参考颜色如图 8.3 所示。

 #F2C35B、#EA3A38、 #FE5450、#C80F21	 #CFC23B、#6B7438、 #B79562、#9B6345	 #F6F15C、#E29D30、 #FFCC33、#F7D53E、#FFFA82、 #B7253B、#CD3D49
 #E2E5E4、#C2CBD9、 #F6F9F8、#ADB5C1、 #C3CAD9、#4F817F、#7EC3C6、 #345655、#B1E8EA	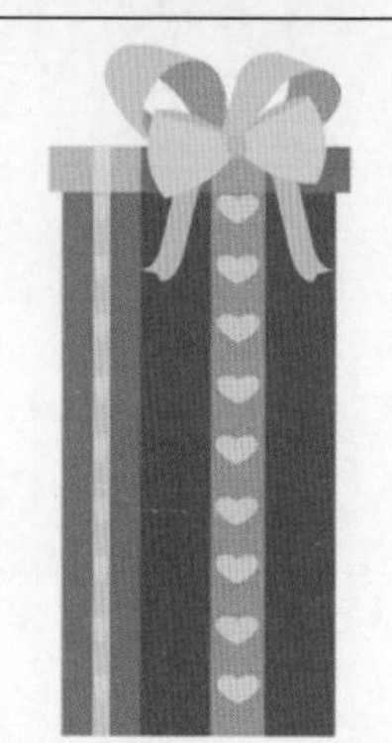 #EFD650、#E29D30、#EFDE86、 #FFCC33、#5C59A1、#8178B4、 #FFD799、#C5BFE5、#7A768E	 #AD2244、#FF3366、#AB624F、 #DE9484、#643C3F、#9D5D5B、 #962540、#C15458、#B2A6A9

图 8.3 各礼包元件的外观及参考颜色

2. 蛋糕元件的制作

蛋糕影片剪辑元件由多个部分组成，各个部分及成品的外观和参考颜色如图 8.4 所示。

主要参考颜色：#EEDEA8、#FEF4C1、#512C28、#613530、#723E38、#AF2717、#568433、#65A341、#C62B26、#E8B281、#DC6953、#93592C、#DC99A6

图 8.4 蛋糕元件各个部分及成品的外观和参考颜色

3. 气球元件的制作

（1）静态气球影片剪辑元件的制作

共需要制作 6 个静态气球影片剪辑元件配合不同的礼包，分别是“静气球 1”～“静气球 6”，各静态气球元件的外观和颜色如图 8.5 所示。

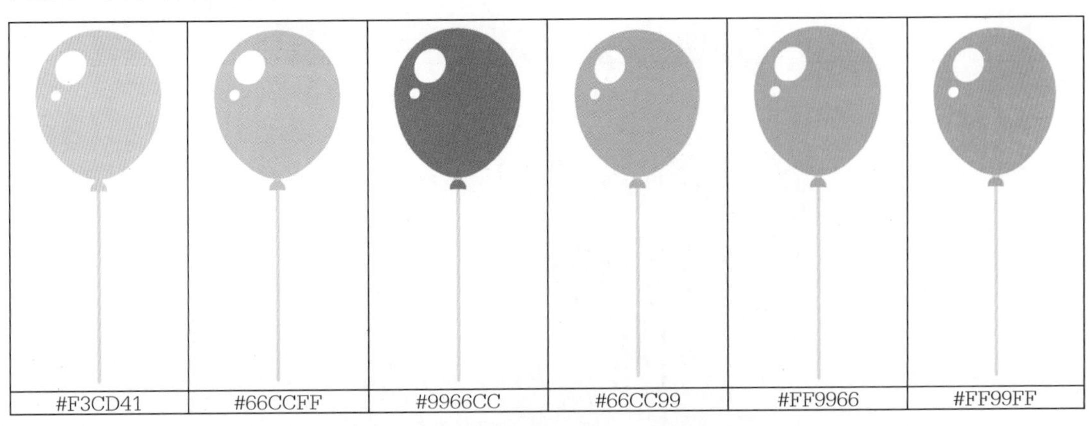

图 8.5 各静态气球元件的外观和颜色

（2）飘动气球元件的制作

根据气球的动作设计，需要再创建 6 个气球松开飘动的影片剪辑元件，分别是“动气球 1”～“动气球 6”，其中以“动气球 5”为例，它的动作关键帧状态如图 8.6 所示。

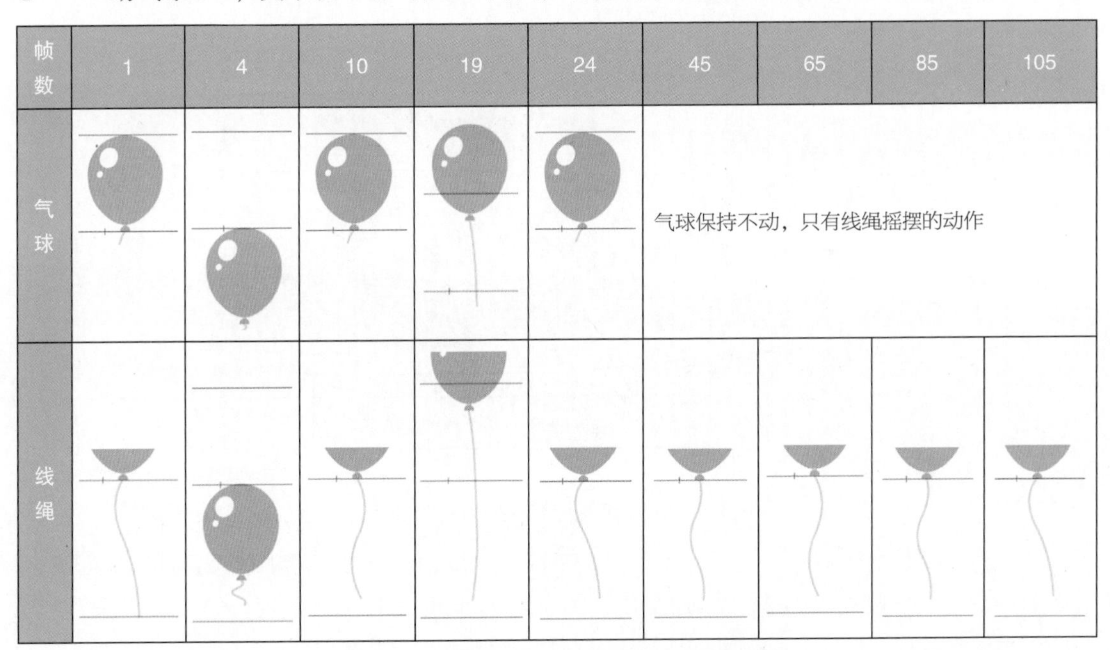

图 8.6 “动气球 5”元件的动作关键帧状态

该影片剪辑元件可以先把静态气球导入元件，然后分离成气球和线绳两部分元件，再制作动画。其中，线绳的动画可以通过创建补间形状来完成，气球的动画可以通过创建气球位置发生改变的补间动画来完成。将气球动画所用的时间段选中，将其存为自定义动画预设，另外 5 个气球元件直接应用这个动画预设即可（注意：只能将补间动画存为自定义动画预设，而传统补间动画不可以）。

（3）转场气球元件的制作

在场景 1 和场景 2 转场时，需要用到一个较大的红气球来实现两个场景的切换，这个转场气球的颜色为 #FF6666，线绳的颜色为 #CCCCCC，转场气球外观分解图如图 8.7 所示。其中线绳单独在一层，并运用补间形状设计制作其左右摆动的效果。

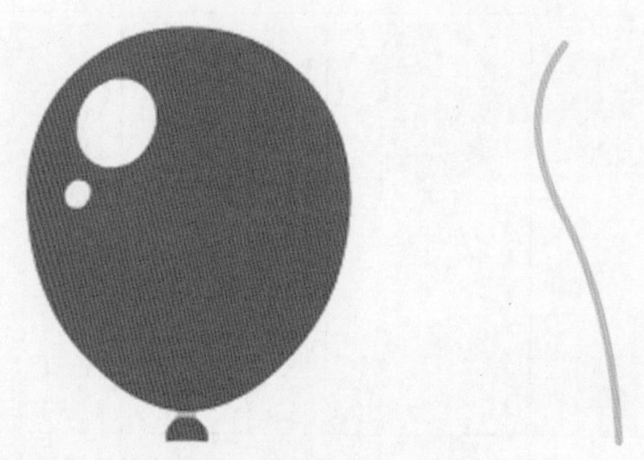

图 8.7 转场气球外观分解图

4. 手写奶油字元件的制作

首先创建手握奶油枪影片剪辑元件，其外观和颜色如图 8.8 所示。

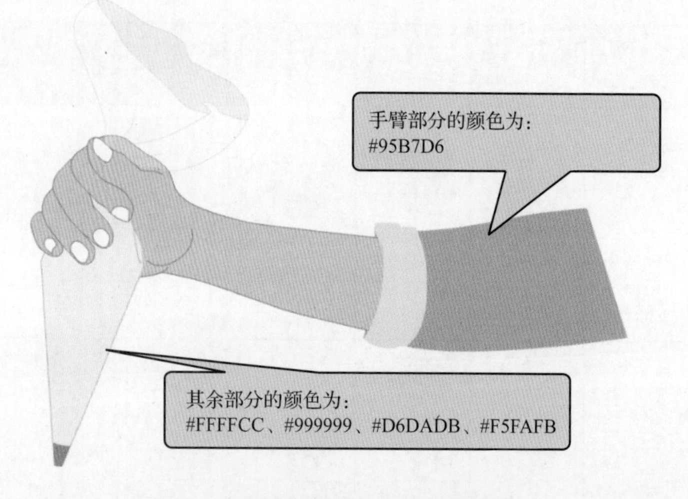

图 8.8 手握奶油枪元件的外观和颜色

其次创建手写奶油字影片剪辑元件，其中手握奶油枪动作直接使用上一个元件实例即可，同时将蛋糕元件中的巧克力卡片复制过来，然后运用逐帧动画的方法，完成“生日快乐”4 个字的手写字设计。

注意：整个影片剪辑元件中的动作分为 3 个部分：手臂移入画面、写字、手臂移出画面。移入画面需要 14 帧，写字要从第 15 帧开始进行，共用 148 帧，移出画面需要 72 帧。该元件共用 234 帧，其效果如图 8.9 所示。

5. 手持打火机元件的制作

首先创建火苗影片剪辑元件，它的颜色为径向渐变填充，分别是 #FFD133、#FF2317，火苗动作的 7 个关键帧，如图 8.10 所示。

图 8.9　手写奶油字效果

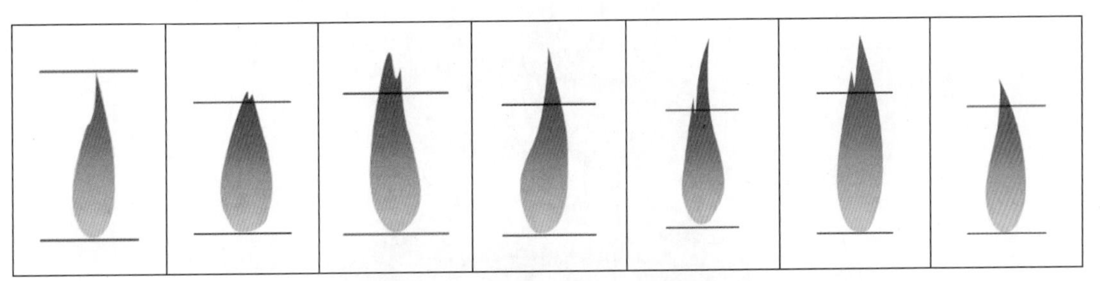

图 8.10　火苗动作的 7 个关键帧

其次创建手持打火机影片剪辑元件，其中火苗直接使用上一个元件实例即可。该元件的整体外观和颜色如图 8.11 所示。

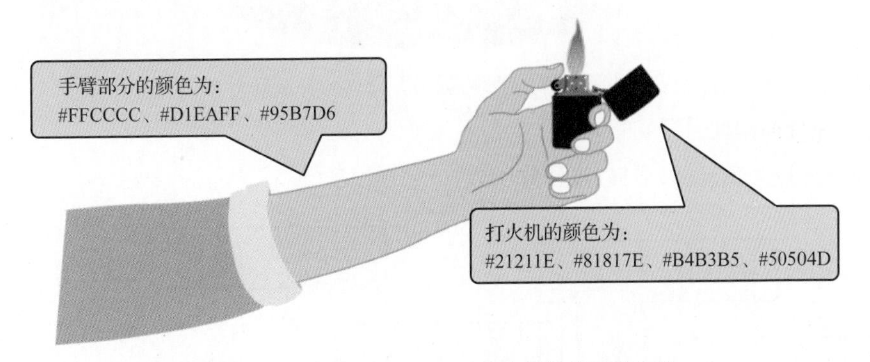

图 8.11　“手持打火机”元件的整体外观和颜色

6. 歌词字幕元件的制作

① 灰色歌词字幕元件的制作。创建歌词灰影片剪辑元件，用文字工具创建“祝你生日快乐”文本对象，选择理想的字体和大小，颜色为灰色 #666666，打散成图形以保证字体在不同环境下有统一外观，如图 8.12（a）所示。

② 用同样的方法创建歌词红影片剪辑元件，其字体、大小都与“歌词灰”的一样，颜色为红色 #FF3366，同样把文字打散成图形，如图 8.12（b）所示。

祝你生日快乐　　祝你生日快乐

（a）打散后的灰色文字　　　　（b）打散后的红色文字

图 8.12　歌词字幕元件

7. 有蜡烛的蛋糕元件的制作

创建有蜡烛的蛋糕影片剪辑元件，并将之前的蛋糕元件从库拖到该元件中。分别绘制 5 种颜色的蜡烛并编组，然后将它们摆放在蛋糕的上面，同时在巧克力卡片上添加同手写字“生日快乐”一致的文本对象，其外观及颜色如图 8.13 所示。

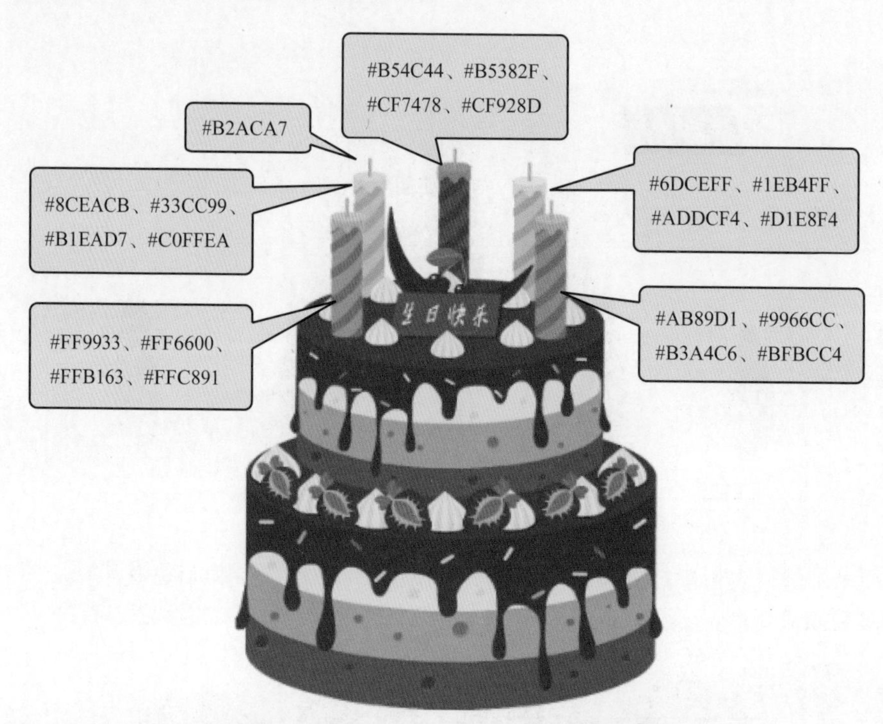

图 8.13　“有蜡烛的蛋糕”元件的外观和颜色

8. 彩旗元件的制作

创建彩旗影片剪辑元件，其外观和颜色如图 8.14 所示。

图 8.14　彩旗的外观和颜色

9. 寄语元件的制作

在场景 3 使用了多个表达感情的寄语，可以把它们制作成一个影片剪辑元件，“寄语”元件的内容、外观、滤镜效果和颜色如图 8.15 所示。

梦境不会褪色
如同我的思念一样执着
繁花不会凋零
如同我的牵挂一样多情
愿你的生命抬头是春
俯首是梦
甜蜜伴随你每个春夏秋冬
生日快乐!

图 8.15 “寄语”元件的内容、外观、滤镜效果和颜色

10. 弹跳文字元件的制作

为歌曲的中心词“生日快乐！”设计一个弹跳动画的影片剪辑元件，其时间轴设计与舞台效果如图 8.16 所示。每个文字依次跳起再落下，前后相隔 3 帧。5 个字符的颜色均为充色填充，分别是 #FFCC33、#66CC99、#FF6699、#3399CC、#6666FF。

图 8.16 “弹跳文字”元件的时间轴设计及舞台效果

11. 文字横幅元件的制作

创建文字横幅影片剪辑元件，它为纯色填充，各部分颜色为 #E46C81、#CE6174、#AA5060 和 #F6E6D0，其外观和颜色如图 8.17 所示。

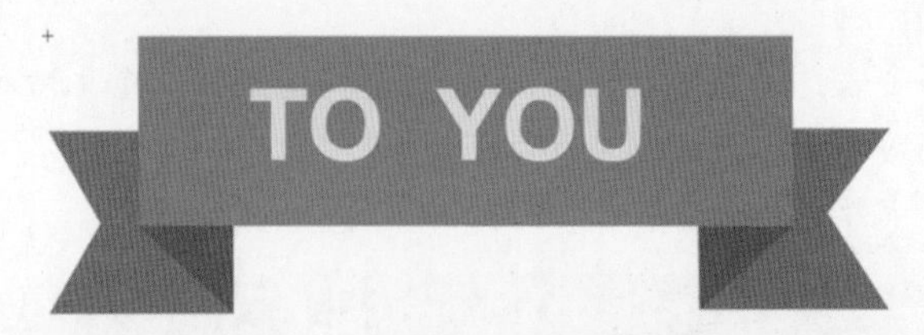

图 8.17　文字横幅的外观和颜色

12. 礼花燃放元件的制作

礼花燃放元件包含拉环、礼花筒和礼花 3 个部分，这 3 个部分首先被分别创建成影片剪辑元件，各元件的外观及颜色如图 8.18 所示。

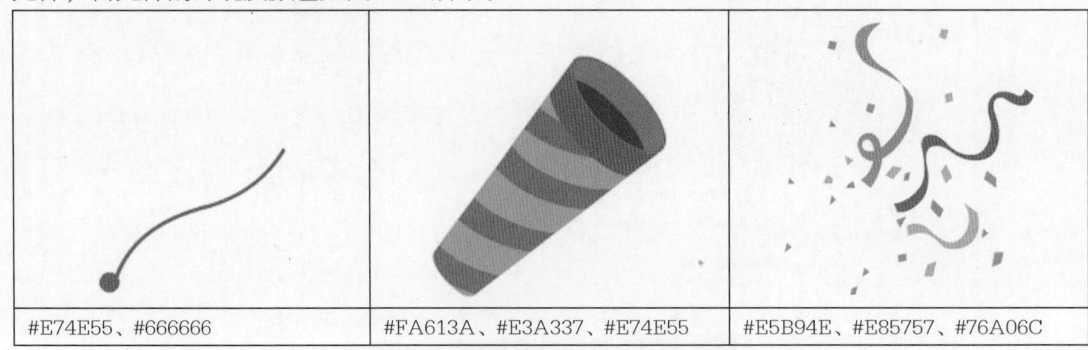

#E74E55、#666666	#FA613A、#E3A337、#E74E55	#E5B94E、#E85757、#76A06C

图 8.18　礼花各组成部分的外观及颜色

这 3 个元件制作好后就可以创建礼花燃放元件了，其时间轴设计与舞台效果如图 8.19 所示。

图 8.19　“礼花燃放”元件的时间轴设计及舞台效果

8.3.5　图层设计与动画设计

1. 场景 1 的图层设计及对象添加

根据第 1 个分镜的设计，场景 1 中需要再创建 15 个图层，另外还有一个摄像头图层和之前的长度限制图层，总共有 17 个图层，如图 8.20 所示。

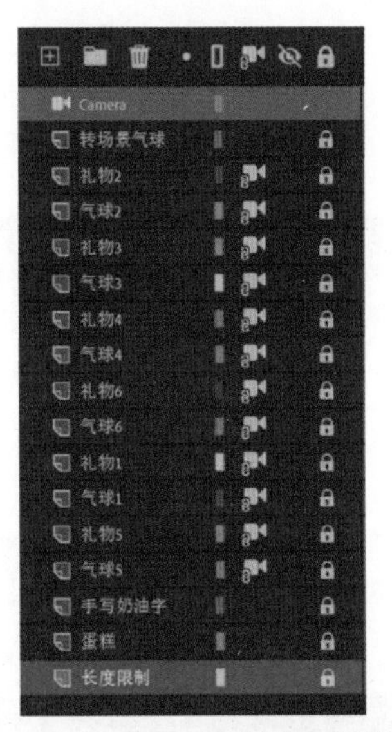

图 8.20　场景 1 所需要的图层及对象摆放位置

将库中的元件添加到对应图层，并参照图 8.20 所示摆放好各个对象的位置。其中蛋糕放在所有礼物的后面，礼物移出后就会露出来。

2．场景 1 的动画设计

按时间的先后顺序，各个对象及动作在时间轴的具体安排如下。

① 第 1 ～ 310 帧：6 个礼物及 6 个气球按前期摆好的位置整体由下向上升入舞台，并且在第 300 ～ 310 帧设计礼物落到舞台上时的变形与恢复的动画效果（在垂直方向快缩慢放）。

② 第 311 ～ 400 帧：在每个气球相隔 24 帧处依次插入关键帧，再依次右击，选择弹出快捷菜单中的命令“交换元件”把当前的静态气球交换成动态气球元件。然后每个气球依次脱离礼包向上移出，在气球移出前礼包轻微放大，并且两个动作前后有 5 帧的交叠。

③ 第 401 ～ 465 帧：每个礼包相隔 5 帧依次从不同方向移出舞台。

④ 第 466 ～ 520 帧：停顿 5 帧，利用摄像头图层的推镜动作，实现蛋糕特写放大效果，如图 8.21 所示。

⑤ 第 507 ～ 740 帧：手写奶油字从第 1 帧拖到第 507 帧开始，它与上述推镜动作有 14 帧的交叠，如图 8.21 所示，然后在第 740 帧插入帧即可。

图 8.21　蛋糕特写与手臂移入位置

3．场景 2 的图层设计及对象添加

根据第 2 个分镜的设计，场景 2 中需要再创建 11 个图层，另外还有一个长度限制图层，总共有 12 个图层，如图 8.22 所示。

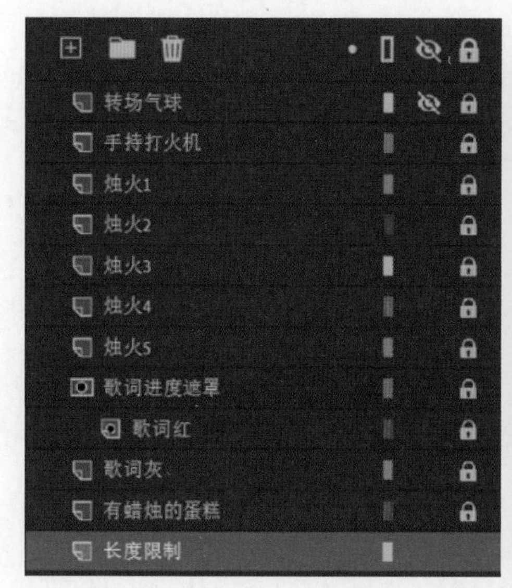

图 8.22　场景 2 所需要的图层及对象摆放位置

将库中的元件添加到对应图层中，并参照图 8.22 所示摆放好各个对象的位置。

4．场景 2 的动画设计

按时间的先后顺序，各个对象及动作在时间轴的具体安排如下。

① 第 1 ～ 50 帧：先将第 1 帧的转场气球放大到挡住整个舞台，然后运用传统补间动画将气球慢慢升起、移出，直到露出整个舞台，实现场景 1 与场景 2 的切换与衔接。

② 第 51 ～ 145 帧：手持打火机从左侧移入画面到最右侧蜡烛的位置，并停顿 5 帧（这 5 帧实际上是点燃烛火 1 的过程）。

③ 第 146 ～ 228 帧：手持打火机从右向左依次进行点烛火动作，分别是第 146 ～ 165 帧移到烛火 2，并停顿 5 帧；第 166 ～ 186 帧移到烛火 3，并停顿 5 帧；第 187 ～ 207 帧移到烛火 4，并停顿 5 帧；第 208 ～ 228 帧移到烛火 5，并停顿 5 帧。

④ 第 142 ～ 232 帧：配合手持打火机动作，烛火被依次点燃，点燃过程表现为烛火由小变大。对应的时间分别是“烛火 1”图层在第 142 ～ 152 帧段，使烛火 1 渐变放大；“烛火 2”图层在第 162 ～ 172 帧段，使烛火 2 渐变放大；“烛火 3”图层在第 182 ～ 192 帧段，使烛火 3 渐变放大；“烛火 4”图层在第 202 ～ 212 帧段，使烛火 4 渐变放大；“烛火 5”图层在第 222 ～ 232 帧段，使烛火 5 渐变放大。

⑤ 第 229 ～ 320 帧：手持打火机从左侧缓缓移出画面。

⑥ 第 320 ～ 360 帧：烛火 1 ～烛火 5 以及蛋糕完成淡出动作。

5．场景 3 的图层设计及对象添加

根据第 3 个分镜的设计，需要在场景 3 中再创建 9 个图层，另外还有一个长度限制图层，总共有 10 个图层，如图 8.23 所示。

将库中的元件添加到对应图层中，并参照图 8.23 所示摆放好各个对象的位置。

图 8.23 场景 3 所需要的图层及对象摆放位置

6. 场景 3 的动画设计

按时间的先后顺序，各个对象及动作在时间轴的具体安排如下。

① 第 1 ～ 90 帧：彩旗 1 和彩旗 2 各用 60 帧完成落下的动作，其间有 30 帧的交叠。

② 第 77 ～ 159 帧：第 77 ～ 107 帧完成第一行寄语的淡入，然后保持到第 159 帧。

③ 第 160 ～ 530 帧：第 2 ～ 8 行寄语依次向上滚动显示，对应的时间分别是第 160 ～ 170 帧，寄语 2 向上滚动并停顿到第 220 帧；第 220 ～ 230 帧，寄语 3 向上滚动并停顿到第 280 帧；第 280 ～ 290 帧，寄语 4 向上滚动并停顿到第 340 帧；第 340 ～ 350 帧，寄语 5 向上滚动并停顿到第 400 帧；第 400 ～ 410 帧，寄语 6 向上滚动并停顿到第 460 帧；第 460 ～ 470 帧，寄语 7 向上滚动并停顿到第 520 帧；第 520 ～ 530 帧，寄语 8 向上滚动。

④ 第 530 ～ 580 帧：把“弹跳文字”图层的第 1 关键帧拖到第 530 帧处，弹跳动作将从此帧开始持续到第 580 帧。

⑤ 第 581 ～ 625 帧：将“生日快乐”四个字通过补间形状转换为英文“HAPPY BIRTHDAY”。

⑥ 第 625 ～ 666 帧：其中第 625 ～ 660 帧为横幅从下方移入画面，第 646 ～ 666 帧为左右两个礼花从下方两个斜角方向移入画面。

⑦ 在“彩旗 1”“彩旗 2”“中英变换”“横幅”“礼花 1”“礼花 2”图层的第 710 帧处插入帧，结束整个 MV 动画。

8.3.6 字幕设计

根据前面歌曲分段时记录的每句歌词的起止帧位置，在对应的场景和时间帧处添加同步的歌词字幕。字幕可以是静态的，也可以是带动画的。常见的字幕动画有逐个显示、逐个变色、逐个飘走、逐个放大等形式。

本案例的字幕采用逐个由灰变红的动画形式来与歌词进行同步显示。添加歌词字幕的具体方法如下。

① 选择场景 2，在“歌词进度遮罩”图层绘制一长条矩形，将“歌词灰”和“歌词红”元件拖到对应的图层，并将“歌词进度遮罩”图层和“歌词红”图层设置为遮罩关系。

② 第 1 ～ 13 帧：“歌词灰”和“歌词红”元件淡入。

③ 第 14 ～ 67 帧：第一句歌词字幕与音乐同步逐渐由灰变红。具体方法是遮罩层的长条矩形通过传统补间逐渐向右变长，被遮罩层中的“歌词红”元件随之逐渐增加显示范围，“歌词灰”元件则逐渐被“歌词红”元件遮挡，达到歌词随歌曲进度变红的效果，如图 8.24 所示。

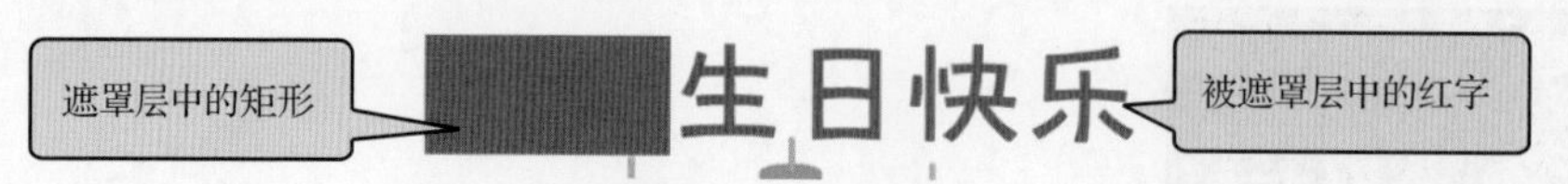

图 8.24　红字与矩形

④ 第 68 ～ 94 帧：第一句歌词“歌词灰”和“歌词红”淡出，第二句歌词由“歌词灰”和“歌词红”淡入。

⑤ 第 94 ～ 148 帧：第二句歌词的字幕与音乐同步逐渐由灰变红。

⑥ 第 149 ～ 175 帧：第二句歌词“歌词灰”和“歌词红”淡出，第三句歌词由“歌词灰”和“歌词红”淡入。

⑦ 第 175 ～ 238 帧：第三句歌词的字幕与音乐同步，逐渐由灰变红。

⑧ 第 239 ～ 275 帧：第三句歌词由“歌词灰”和“歌词红”淡出，第四句歌词由“歌词灰”和“歌词红”淡入。

⑨ 第 275 ～ 346 帧：第四句歌词的字幕与音乐同步逐渐由灰变红。

⑩ 第 347 ～ 360 帧：“歌词灰”和“歌词红”两个图层的对象淡出。

8.3.7　音效合成

选择场景 1，创建一个新图层并命名为“歌曲音乐”，在它的第 1 帧通过声音的属性面板添加《生日快乐》歌曲音乐，设置同步方式为“开始”，重复 1 次。

对影片进行测试，观察声音与画面的同步效果，如果略有不同步的现象，可以适当微调每个场景的长度。

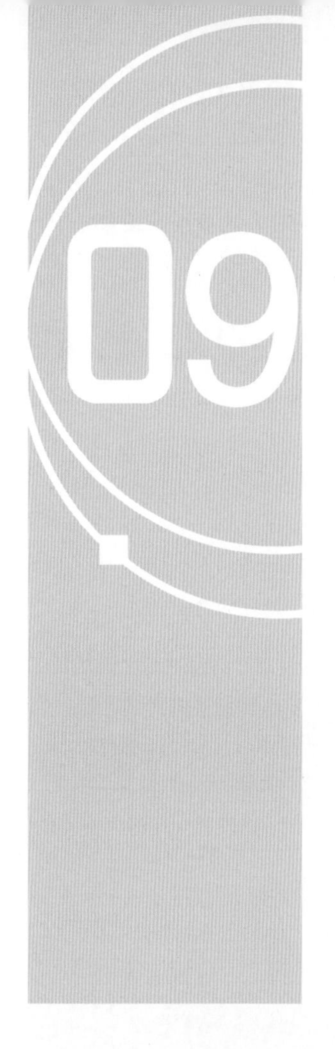

工作任务 9

“温暖的接力”情景短片动画设计

9.1 案例引入

本工作任务是以“画配音”的流程进行动画设计，即首先根据故事脚本进行动画设计，然后进行背景音乐、对白和动作伴音的音效设计和合成，使声音与画面达到同步，完成影片视听创作的全过程。

“温暖的接力”情景短片动画设计案例就是以“温暖的接力”为主题创作的一段普通而温暖的情景动画短片。

9.1.1 案例展示截图与动画二维码

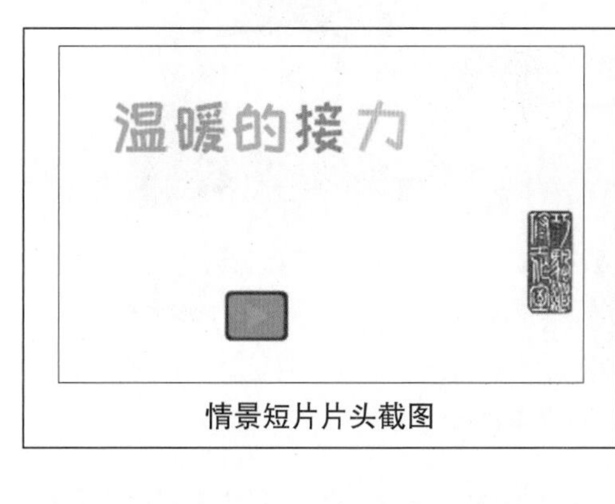

情景短片片头截图

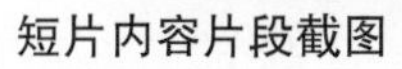
短片内容片段截图

9.1.2 案例分析与说明

本案例围绕“温暖的接力”展开故事情节，从女青年递给“外卖小哥”擦汗纸巾开始传递温暖，依次经过外卖小哥帮小学生捡起遗失物品，小学生搀扶老太太通过车水马龙的十字路口，再到老太太递纸巾鼓励长椅上情绪低落的女青年。通过他们不断接力传递温暖，表现出每个人在被别人帮助后，没有将获得的温暖私藏，而是主动去帮助别人，继续将这份温暖传递下去。这个故事虽然短小、朴实，却蕴含着人与人之间友善的真情，不失为一个弘扬社会主义核心价值观的故事短片。

本案例主要有两个重点知识目标：一个目标是掌握“画配音”动画的制作流程和方法，通过影片制作全面解读角色、场景、脚本及动作等方面的设计规范和制作要点；另一个目标是培养艺术创作者的职业素养和社会责任感，无论是进行何种形式的艺术创作，为谁创作、表达什么、宣传什么都是创作者必须首先思考的，将宣传社会正气、弘扬中国优秀传统文化作为创作的基石，才是新时代艺术创作者的责任与使命所在。

9.2 知识探究

9.2.1 角色设计

角色设计是动画设计中最重要的部分之一，创作者要根据故事内容及要表达的主题对角色进行设计，角色既可以反映故事发生的时代、时间、空间及环境等信息，又可以反映角色的性别、年龄、性格、情绪及特性等内容。

1．角色的风格设计

动画短片角色造型有多种风格，因为表现风格、主题类别的不同，故其角色的形象造型有的复杂写实，有的简练概括，有的夸张可爱，有的抽象写意，形成动画短片多样化的视觉表现形式。总体来看，在大多数动画短片中，按动画形象的不同可以划分为写实类造型、夸张变形（Q 版）类造型、抽象和写意造型等。

其中，写实风格的动画造型主要依据自然形象的比例、形状、结构进行客观、准确的刻画。一般来说，写实卡通角色的头和身体的长度比例从 1 ∶ 6 到 1 ∶ 8 不等，它以现实生活为基础，对生活中的人物进行适当的提炼和概括，使之贴近生活和自然，具有较为真实、可信、亲切等艺术特点，从而使观众身临其境。图 9.1 所示为《千与千寻》中的写实类角色造型。

图 9.1 《千与千寻》中的写实类角色造型

夸张变形风格的动画也就是我们常说的 Q 版风格的动画，其中 Q 是英文 cute（可爱的）谐音简称，Q 版风格就是指人物造型夸张、可爱、风趣。Q 版风格的角色看起来和普通人有很大的区别，却因其简洁夸张的效果，它比一般的卡通形象具有更强的艺术生命力。这种类型的人物比例通常在二头身到四头身之间。它以单纯、简洁的造型为基础，强调角色设计的特性，可爱又不失幽默的形象往往能给观众留下较为深刻的印象，如近几年以游戏衍生出的国产原创动画片《百鬼幼儿园》和《梦幻书院》等，其中的角色造型特点就是头大、眼睛大。夸张变形的 Q 版风格是萌化的一种绘画流派，是一种简练且独特的角色设计风格，容易让观众产生共鸣、过目不忘，可赢得不同年龄层人们的喜爱。图 9.2 所示为《喜羊羊与灰太狼》中的 Q 版角色。

图 9.2 《喜羊羊与灰太狼》中的 Q 版角色

抽象和写意风格的动画角色造型主要是指那些个性化较强的动画片中所出现的这类角色造型，这一类动画片一般被称为实验片。其动画角色造型并不特别强调它是什么、像什么。它的造型简洁、抽象，通过视觉刺激产生视觉联想来传达其形态包含的内容。如各种的符号、字母、标志及任意形状都有可能成为角色造型形象，通过创作者的大胆取舍和艺术加工，既能表现出强烈的现代感和视觉冲击力，又能让观众心领神会。图 9.3 所示为公益广告《爱的表达》中的符号类角色造型。

图 9.3 公益广告《爱的表达》中的符号类角色造型

2. 角色的造型设计

在一部动画影片中，人物形象是整个影片的灵魂，也是影片成功的关键之一。角色造型设计担负着演绎故事、推动情节以及突出人物性格、命运和形成影片风格的重要动能。优秀的动画角色造型会从整体效果上影响影片的收视率和后期周边衍生产品的推广等。

动画的角色造型虽是虚拟的，但它是以现实世界中人物的性格表现特征为依据的，它身上既有我们的共性，也有独特之处。它源于生活又高于生活。创作者在塑造角色时赋予其的时代背景、文化内涵、价值追求和性格情感，都会在影片中随着情节的展开表现出来，使观众产生共鸣，给观众留下深刻印象。

动画的角色造型设计是一门独特且综合的艺术，具体体现在语言、动作、性格、服装、发型和角色定位上。一部影片结束后，故事情节也许会被渐渐忘记，但那生动形象的角色往往会给观众留下深刻的印象，它们会像电影明星一样具有生命力。好的角色不仅具有艺术性而且具有很强的商业价值，如国内的喜羊羊、孙悟空、哪吒和光头强等，以及国外的米老鼠、白雪公主和奥特曼等多数已经成为商业运作的媒介和代言形象。图 9.4 所示为国内外优秀动画角色形象。

图 9.4　国内外优秀动画角色形象

3．角色的比例设计

一部动画片中有多个角色以及道具，为了保持形象统一，在同一镜头中出现两个以上角色时，保持角色之间正确的身高与体型比例关系，需要在动画制作之前确定角色的比例图。其中包括主要角色之间的比例图，甚至包括角色和重要道具之间的比例图。比例图一般都以头为单位来标识角色的身高与身宽的关系。不同公司、不同影片的设计格式不同，但功能都是一样的，都为制作部门提供标准。图 9.5 所示为《奇趣宝典俱乐部》中角色的比例设计。

图 9.5　《奇趣宝典俱乐部》中角色的比例设计

4．角色的转体设计

转面图在卡通形象设计中是很重要的，它是原画创作的依据。如何在成千上万张画稿中保持形象的高度统一是动画制作的难点之一，并且这种统一主要取决于头部相像与否。必须有一个标准作为工作时的参考依据，这就是头部转面图。头部转面图一般分为 5 个面，按正面、半侧面、侧面、后半侧面、背面的顺序展开，所以又称为头部展开图，如图 9.6 所示。

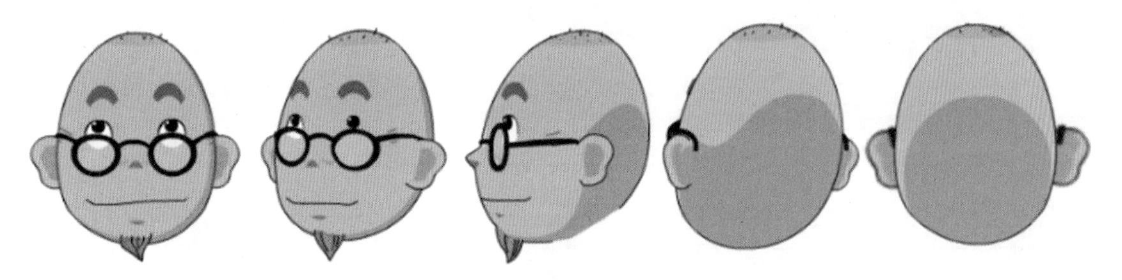

图 9.6　角色头部转面图

全身转面图和头部转面图的功能相同：为制作部门提供全身的造型标准。一般为直立，也可以有简单的动作，以免过于呆板，如图 9.7 所示。

图 9.7　角色全身转面图

9.2.2　场景设计

场景设计与角色设计一样，也是前期设计工作中的一个重要内容。场景设计既要符合内容的要求，又要符合角色的要求，同时要符合影片的风格设计要求。其主要目的是交代故事的地点、时间、环境等要素，可以是室内景物、室外建筑、自然景色或抽象空间等。

动画中的场景以 Q 版场景设计为主，要在写实的基础上抓住对象的特征加以提炼和概括，运用常用的几何图形和线条，以较为夸张和简单的结构来进行设计，通过适当的变形，使各种场景对象表现出生动形象和有趣可爱的效果。

1. 室外建筑物设计

建筑物的整体结构要简单，门窗可以夸张变形、可圆可方。图 9.8 所示为一些不同造型的 Q 版建筑物。

2. 室内景物设计

Q 版室内景物的设计也要遵循简单明了的造型要求，无论是床、沙发等较大的物体，还是杯子或书这样的小物件，都要抓住其最突出的特点加以提炼和概括，使室内景物既表现丰富又不凌乱。图 9.9 所示为一些不同形态的室内景物。

图 9.8　一些不同造型的 Q 版建筑物

图 9.9　一些不同形态的室内景物

3. 花草及变形设计

Q 版的花草设计可以表现得更为简略甚至抽象，而且可以将花草打散，运用任意变形工具进行不同视角的扭曲透视变形，可以把它变为不同的表现姿态。图 9.10 所示为将花草原形态进行扭曲透视变形的效果。

花草原图	花草透视变形 1	花草透视变形 2

图 9.10　将花草形态进行扭曲透视变形的效果

4. 树木设计

Q 版的树木设计同样要抓住特点，对其进行高度提炼、概括。在具体表现上，根据前期的风格设定，可简可繁。还可以对同一结构的树木进行细节调整，然后得到既相似又不同的树木造型，使景物中的树木自然而不死板。图 9.11 所示为多种形态的树木设计。

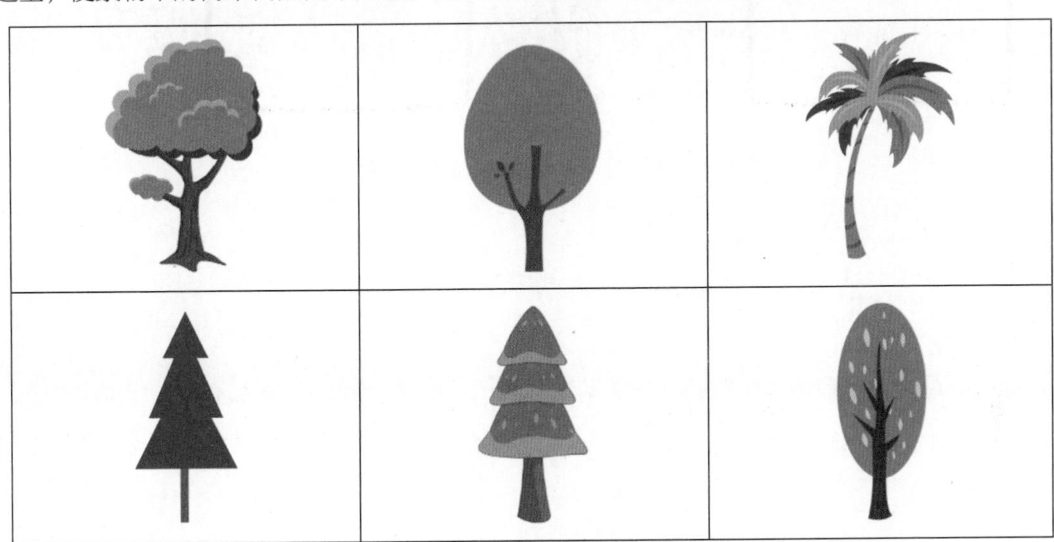

图 9.11　多种形态的树木设计

9.2.3 脚本设计

脚本设计是在故事内容的基础上进行的设计，是动画导演或创作者用一连串的小图，即分镜头脚本的形式来表现故事内容的提纲或梗概，将文字剧本视觉化的过程。所以脚本设计实际上就是指分镜头脚本设计。

动画分镜头脚本是利用蒙太奇手法将文字脚本转换成画面，再标注上每个画面出现的人物、故事地点、摄影手法、对白、动作、特效、时长及音效等文字或符号说明。动画分镜头脚本用于指导后续制作人员的工作，所有的工作都要按照动画分镜头脚本来制作。一般为了节省时间，动画短片的动画分镜头脚本不要求画得非常精细，无论是手绘还是计算机绘制，只要能让团队成员了解必要的信息和导演的意图即可。图 9.12 所示为《千与千寻》的部分分镜头脚本原稿。

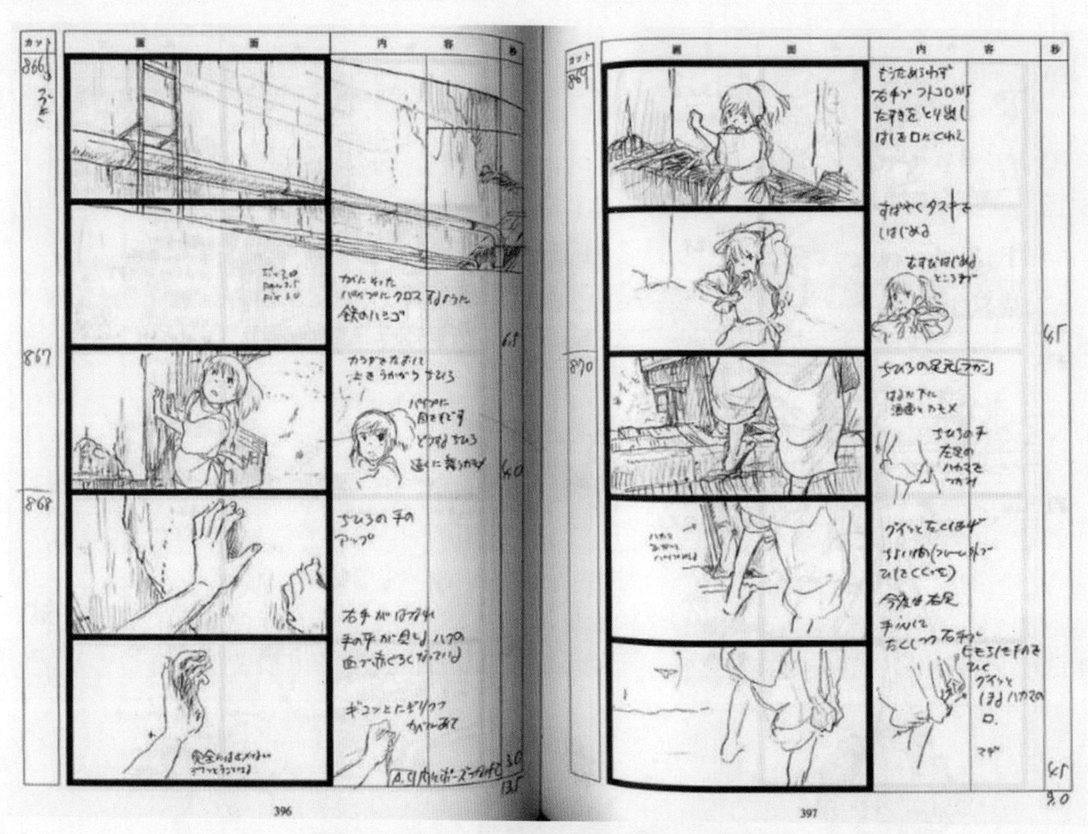

图 9.12 《千与千寻》的部分分镜头脚本原稿

9.2.4 动作设计

1. 人物表情动作设计

（1）眨眼

在动画片中，眨眼是常用的一种表情动画形式，一般由睁眼、半睁和闭眼 3 个状态组成，也可以增加原画的个数，把动作做得更细致。在眨眼的过程中，眉毛会伴随眼睛的动作而上下运动，如图 9.13 所示。

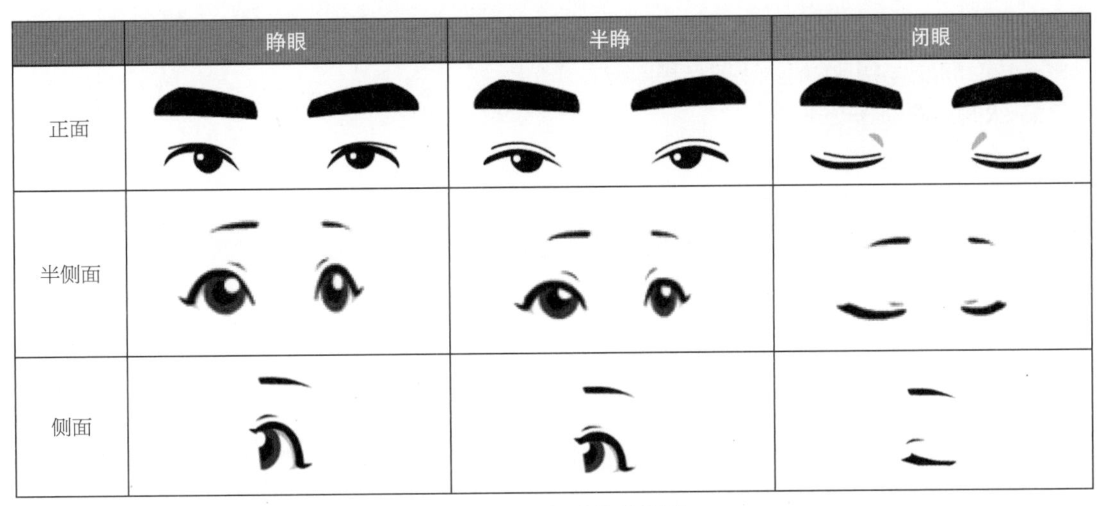

图 9.13　眨眼动作分解图

（2）口型

口型是面部另一种重要的动画表现形式，口型的作用一方面是表现对白，另一方面是配合面部其他器官形成表情。通常，规范的口型画法有 8 种，如图 9.14 所示。

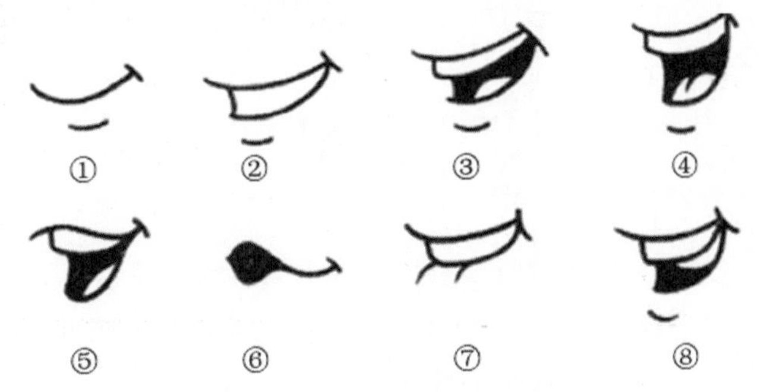

图 9.14　8 种规范的口型画法

图 9.14 中的序号分别代表 8 种不同的口型，具体含义如下。

① 一个闭起来的口型，用来表现所有需要闭嘴的音节，如 B、P 等音节。

② 稍微张口，常常只露一点牙齿的口型，如 Y、Z、S 等音节。

③ 口张得更大，并稍微显露出舌头，如 E、H 等音节。

④ 嘴张大，如 A、I 等音节。

⑤ 开始把张开的嘴的嘴角聚拢成略微噘嘴的样子，如 O、R 等音节。

⑥ 嘴向前“努”，噘得很紧，如 W 等音节。

⑦ 牙齿轻轻咬住下唇，如 F、V 等音节。

⑧ 嘴略张，口中的舌头抵着上颌，这种口型比较少用，如 L 音节。

我国动画制作多采用第①～⑥ 6 种类型的规范化口型动作，如图 9.15 所示。

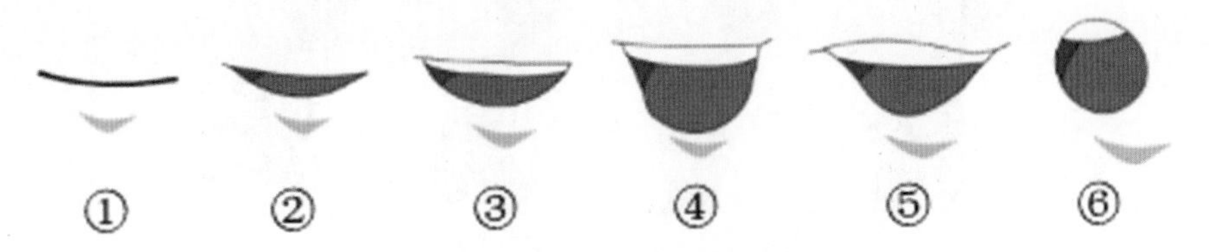

图 9.15　6 种类型的口型动作

另外，应注意口型的变化要与眼睛、眉毛、脸颊等的变化相配合，同时要注意每个口型动作的持续时间要与说话的语气和节奏相匹配。

2. 人物走跑动作设计

（1）人物行走的侧面

人在行走时，在动作上有 3 个要点：第一，上肢与下肢动作正好相反；第二，身体越直，行走的速度就越慢；第三，行走时要注意头部（其实是重心）的高低起伏，伸腿迈步时，头略低。图 9.16 所示为人物行走的侧面动作分解。其中后 5 个动作与前 5 个动作姿态相同，只是内外侧胳膊与腿进行了交换。

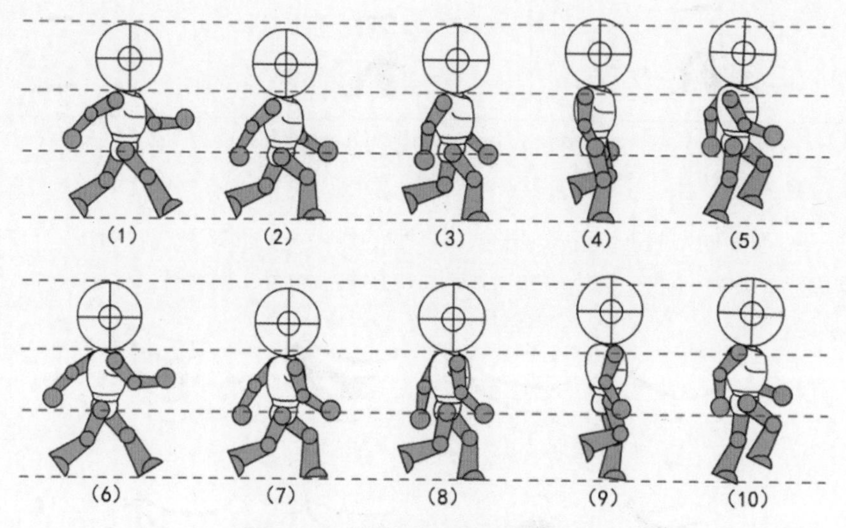

图 9.16　人物行走的侧面动作分解

其实在实际应用中，人物行走的动作幅度并不是很大，所以可以简化成 8 个分解动作，同样，前后 4 个动作的胳膊和腿正好内外侧相反。图 9.17 所示为 Q 版人物行走的侧面动作分解。

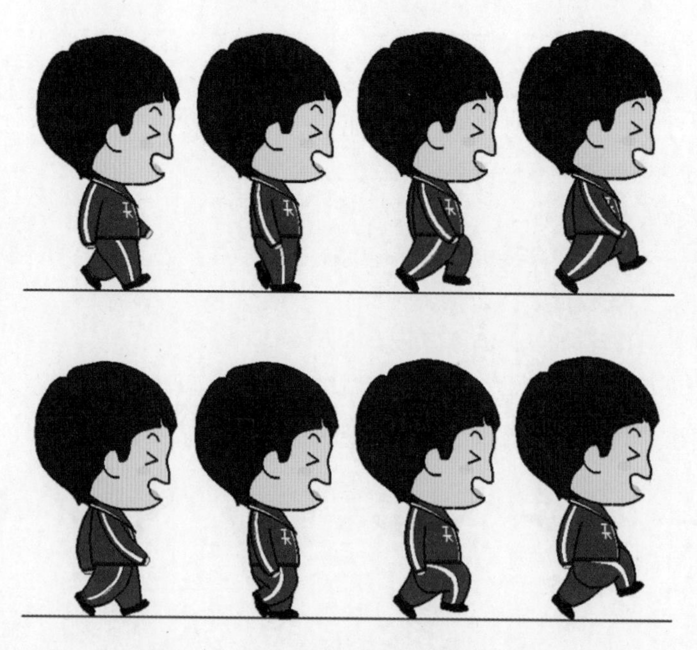

图 9.17　Q 版人物行走的侧面动作分解

（2）人物奔跑的侧面

人物在奔跑时，身体重心前倾，双臂向上提起、弯曲，双手握拳，双脚跨步较大。身体起伏比行走时的幅度要大。在奔跑的过程中，双脚几乎没有同时落地的过程。图 9.18 所示为人物奔跑的侧面动作分解，图 9.19 所示为 Q 版人物奔跑的侧面动作分解。同样，前后 5 个动作的胳膊和腿正好内外侧相反。

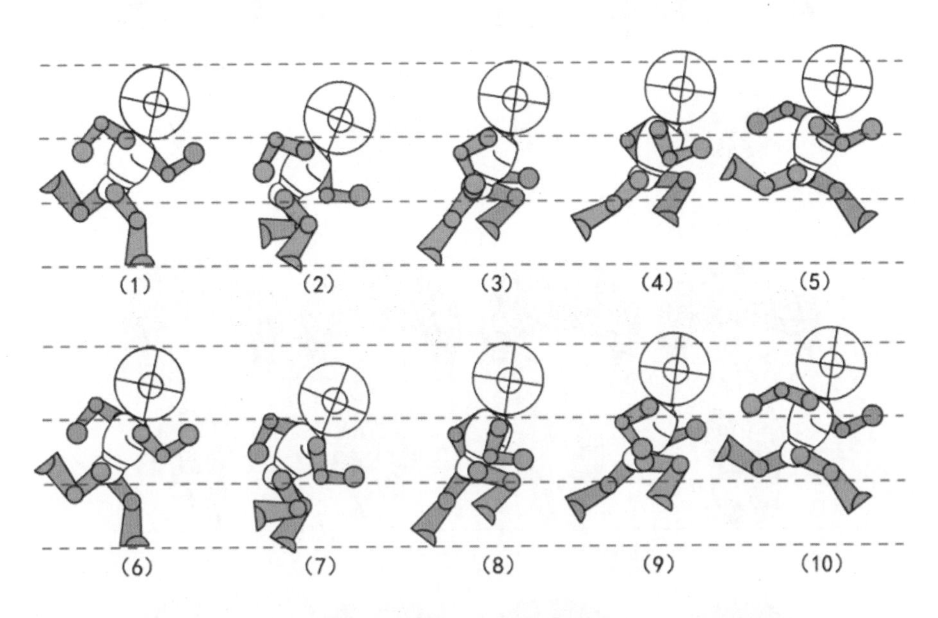

图 9.18　人物奔跑的侧面动作分解

图 9.19　Q 版人物奔跑的侧面动作分解

（3）人物行走的正面和背面

在表现人物正面或背面行走时，为保持身体的平衡，要使人物身体的重心总是在两条腿之间交替移动。当一条腿支撑，另一条腿提起迈步时，头顶略高；当双脚着地时，头顶略低，从而形成头部路径的波状起伏。还有，在行走时肩与胯会因反向运动形成一定角度，即肩与胯向相反的方向倾斜。同时，还要注意胳膊、腿、手以及脚在不同动作状态时的透视变形。图 9.20 所示为 Q 版人物行走的正面和背面动作分解。

图 9.20　Q 版人物行走的正面和背面动作分解

3．骨骼与绑定工具

（1）骨骼工具

在 An 软件中可以通过骨骼工具来轻松地完成各种运动动作。利用骨骼工具可以将不同部分的元件实例连接起来，形成具有“父子”关系的骨骼链。一组骨骼链称为骨架，骨骼之间的连接点称为关节，骨架结构可以是线性的和分支的，如图 9.21 所示。

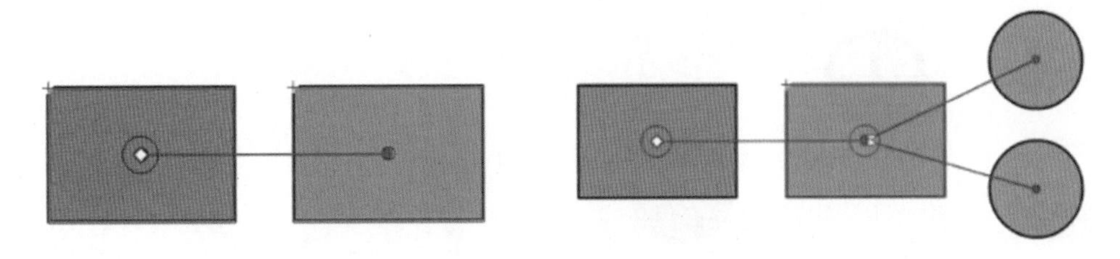

图 9.21　线性和分支骨架结构

搭建骨骼后，时间轴上会自动生成一个骨架层“骨架 _1”，同时原“图层 _1”中的所有元件实例均自动移至骨架层，如图 9.22 所示。在需要的帧处右击，选择弹出快捷菜单中的命令“插入姿势”（在骨架层插入关键帧等同插入姿势），然后就可以通过操纵骨架来调整此帧的对象动作姿态。

图 9.22　自动生成骨架层

（2）元件间骨骼动画

在搭建骨骼时，运动对象有两种不同的情况，其中一种是对象的各个运动部分都是影片剪辑元件，可以运用骨骼工具将它们连接在一起，形成一套骨架。例如，将人物的头、躯干和四肢等影片剪辑元件用骨骼连起来，创建分支结构的骨架，如图 9.23（a）所示。然后通过多次插入姿势来调整行走的不同姿态，如图 9.23（b）所示，最终完成骨骼动画的设计。

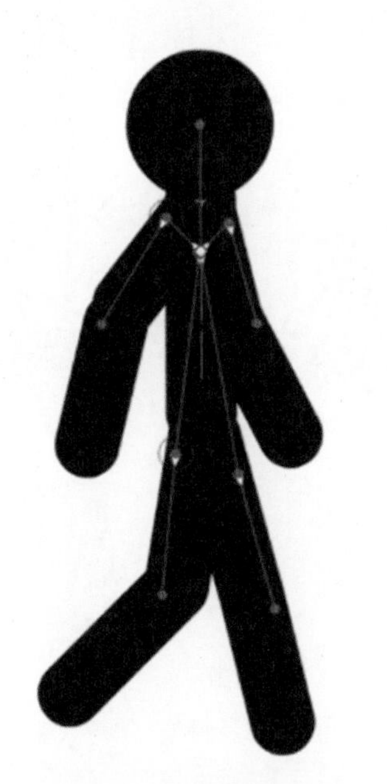

（a）分支结构的骨架

（b）行走姿态和骨架形态

图 9.23　人物行走骨架及姿态调整

再如，之前摩天轮案例需要用到多对引导层与被引导层才能完成旋转效果（观光窗口始终向上），而采用分支骨架的方法来设计，只需要在一个骨架层中插入 5 个关键帧，再分别把 6 个观光箱顺时针依次调整到下一个位置，就可以实现同样的动画效果，如图 9.24 所示。

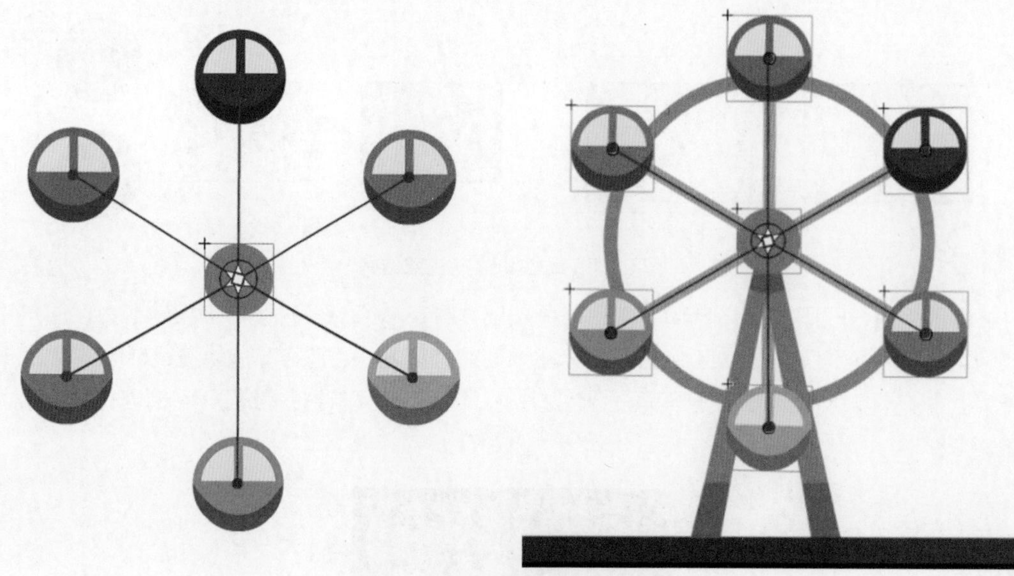

图 9.24　摩天轮骨架及姿态调整

（3）形状骨骼动画

骨骼动画的另一种情况是运动对象为一个形状（不是元件，也不是组），可以利用骨骼工具直接向形状对象的内部添加骨架，通过骨骼的运动带动形状上的控制点，使形状变形。

其中形状骨骼动画最终运动效果的理想度和形状控制点的分布与绑定的合理度成正比，而且形状填充最好是纯色，以避免增加控制点的复杂度。为游动的鱼搭建的骨架如图 9.25 所示。

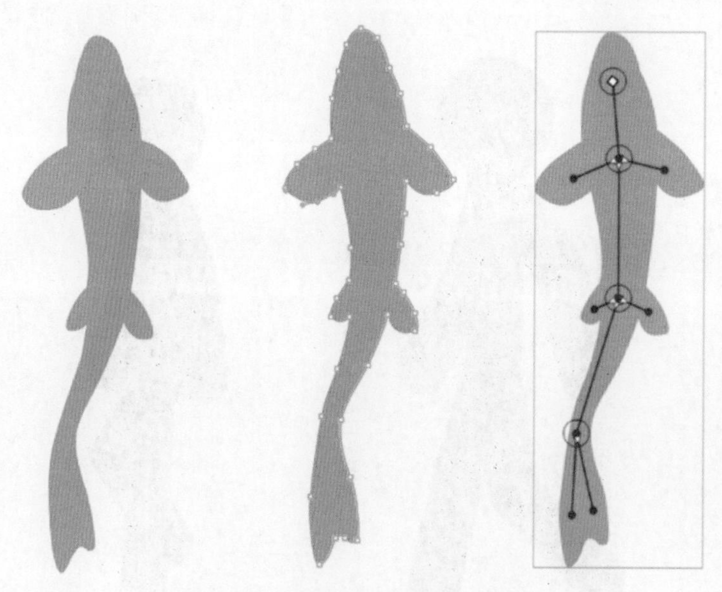

图 9.25　鱼形、控制点分布及骨架

（4）绑定工具

使用绑定工具可以调整形状对象的各个骨骼和控制点之间的关系。在默认情况下，形状的控制点连接到离它们最近的骨骼。使用绑定工具可以编辑单个骨骼和形状控制点之间的连接，这样就可以控制每个骨骼移动时图形扭曲的方式，以获得令人更满意的结果。图 9.26 所示为绑定工具在使用时不同控制点图标的含义。

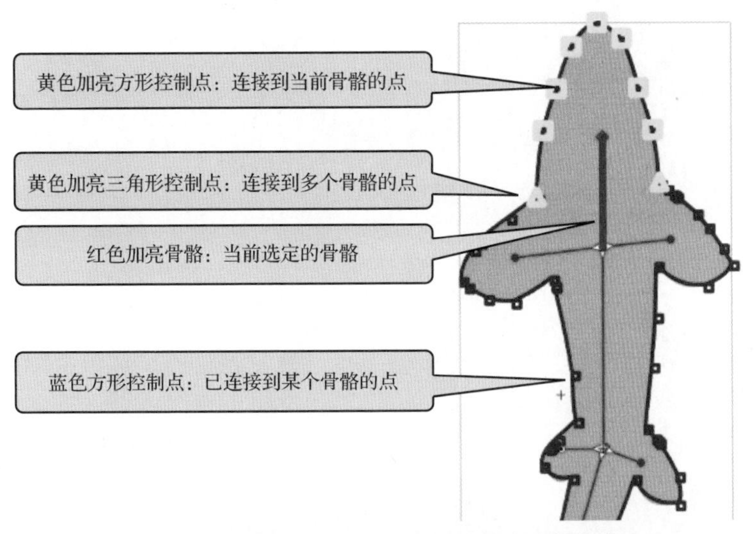

图 9.26　绑定工具在使用时不同控制点图标的含义

使用绑定工具调整与控制点连接的具体方法如下。

- 若要为当前骨骼添加控制点，需按住【Shift】键并单击或拖动框选未加亮显示的控制点。
- 若要从骨骼中删除控制点，需按住【Ctrl】键并单击或拖动框选黄色加亮显示的控制点。
- 若要把选定的控制点添加到其他骨骼，需按住【Shift】键并单击骨骼。
- 若要从选定的控制点删除骨骼，需按住【Ctrl】键并单击黄色加亮显示的骨骼。

如果调整骨骼后对形状变化不满意，可以选择“部分选取工具”来对轮廓线条进行微调，被调整的控制点显示为红色方形，如图 9.27 所示。中间方形为控制点，可拖曳左右两侧方形来调整线条弧度。

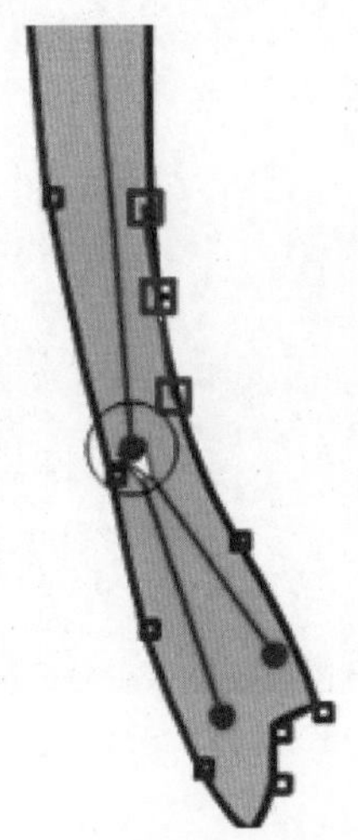

图 9.27　用“部分选取工具”微调控制点

以鱼的游动为例，通过骨骼调整和控制点微调，鱼的游动动作姿态分解如图 9.28 所示。

（5）IK 骨骼约束

如果要创建 IK 骨架得到更多逼真运动，可以选定一个或多个骨骼，在属性面板中通过“关节：旋转”“关节：X 平移”“关节：平移”等参数设置来控制选定骨骼的运动自由度，如图 9.29 所示。默认状态为启用关节旋转，禁用“关节：X 平移”和“关节：Y 平移”。

图 9.28　鱼的游动动作姿态分解

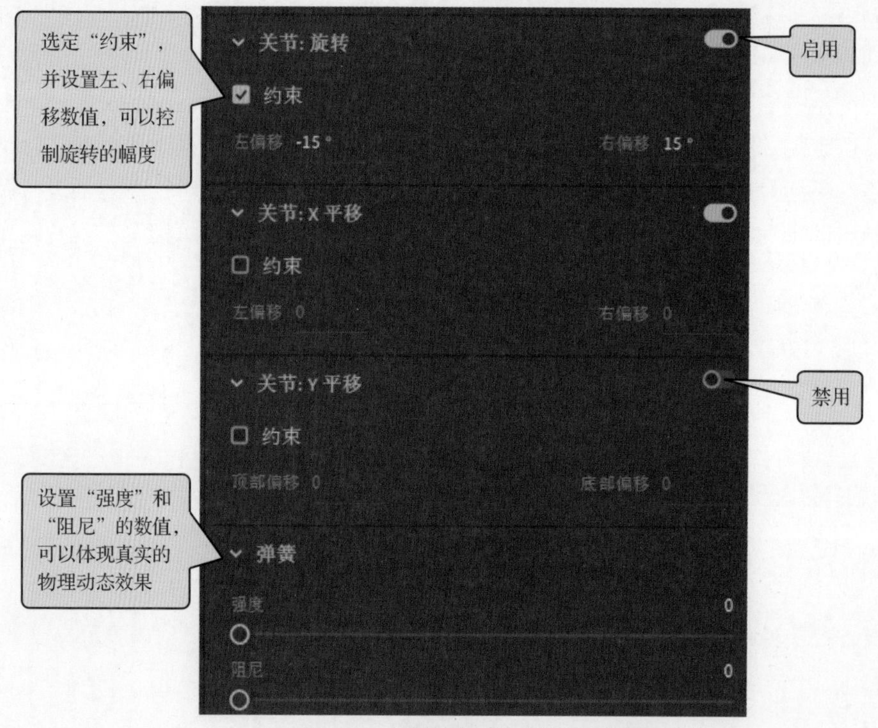

图 9.29　IK 运动“约束”选项设置

4. 自然现象（风、雪、雨、火等）设计

（1）风

自然界的风本身是看不到的，在动画中需要通过其他物体的运动、反应来体现风的存在，如被风吹动的头发、树木、旗帜、落叶等。设计时可以通过一组线条的变化来表现风吹动的一个过程，线条的明暗要与场景的明暗形成对比关系，如图 9.30 所示。图 9.30 中由九个动作组成一个风吹动过程，包括准备入场、开始入场、入场、准备旋转、旋转、准备展开、展开、准备离场、离场。在 An 软件中可以用“流畅画笔工具”来绘制线条，并通过逐帧动画的形式来完成设计。

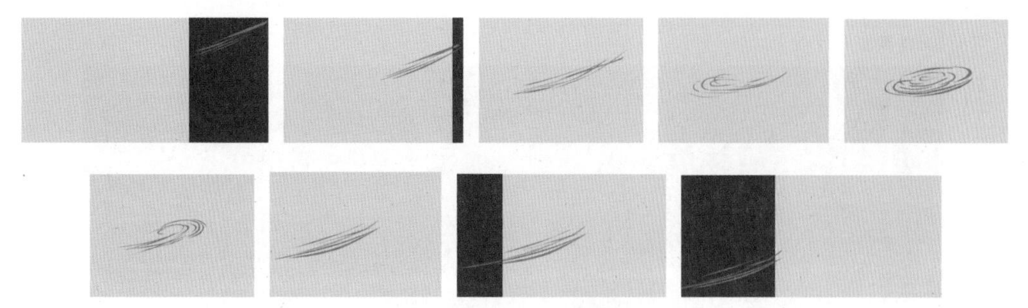

图 9.30　风吹动过程的动作分解

（2）雪、雨或水泡

在动画片中，下雪是一种常见的动画效果，雪花的特点是飘落缓慢，会随着风飘舞，落下后会停在地面。在 An 软件中可以用引导层的方法制作下雪效果，然后复制多层，增加雪花的数量和层次；也可以不必复制多层，而是通过动作代码实现众多雪花漫天飘舞的效果。下面我们具体介绍后一种方法，在这种方法中，对相应元件和参数稍加修改就可以实现下雨、冒泡等多种动画效果。图 9.31 所示为图层设置及关键帧中对应代码，图 9.32 所示为雪花飘落影片剪辑元件及下雪动画效果，右击库中“雪花飘落”元件并选择“属性”，在弹出的“元件属性”对话框中进行参数设置，如图 9.33 所示。

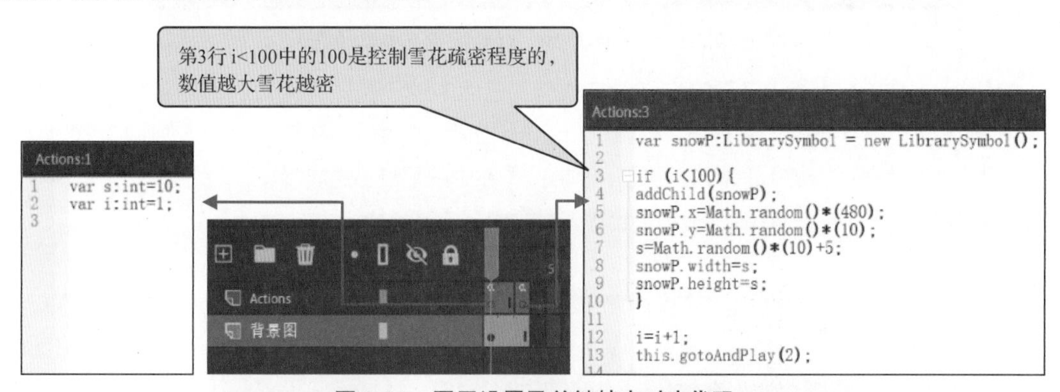

图 9.31　图层设置及关键帧中对应代码

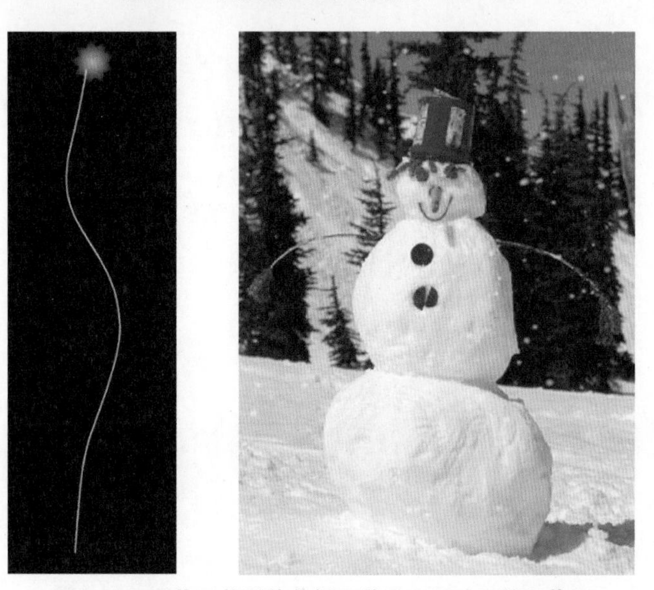

图 9.32　雪花飘落影片剪辑元件及下雪动画效果截图

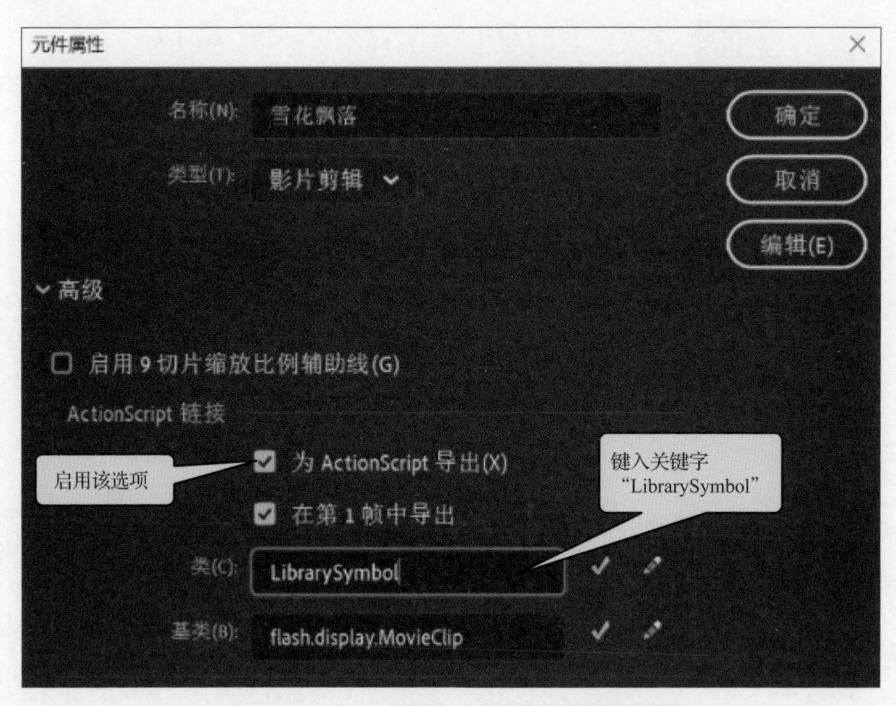

图 9.33 "元件属性"对话框及其参数设置

如果想制作下雨动画，只需要将"雪花飘落"元件中的雪花改为雨滴，适当加快下落速度，并且将第 3 帧中第 9 行实例高度的值适当增大（因为雨滴的宽度和高度不同）。

如果想制作冒泡的动画，只需要将"雪花飘落"元件中的雪花改为水泡，运动方向改为从下向上，并且将第 3 帧中第 6 行水泡的出发点位置调整为舞台下方，将第 7 行中 s 值适当调大即可。

（3）火

火的形态可以分成内火焰和外火焰两部分，也可以不分。火在燃烧过程中也有一定的变化规律，无论是大火还是小火，都离不开 7 种基本运动状态：扩张、收缩、摇晃、上升、下收、分离、消失。图 9.34 所示为火在燃烧时的动作分解。

（a）未加滤镜的效果

（b）添加模糊滤镜后的效果

图 9.34 火在燃烧时的动作分解

9.3 案例制作

9.3.1 故事情节设计

随着现代城市生活节奏的加快，外卖小哥已成为街道上出现频率最高的人之一。无论春夏秋冬，他们都辛勤地工作为大家送去方便和快捷，得到人们的广泛认可和尊重。在工作中，风和日丽时他们可能会有一种驰骋在街道上的惬意，烈日当头时他们可能会露出些许的焦躁，风雨交加时他们可能多了一份沮丧和无奈。

这天外卖小哥冒着风雨急匆匆地抵达点餐者的门口，说："这是您的外卖。"当他把餐盒递给开门的女青年，女青年说："谢谢！"正要转身离开时，女青年突然说："请等一下！"然后回身取了一包巾纸送到外卖小哥的面前，说："雨天路滑，注意安全。擦擦脸，这样不会影响视线！"在外卖小哥接过纸巾的瞬间，一股暖流涌遍全身，顾客对自己的关心胜过无数个"赞"，之前沮丧的情绪此刻已荡然无存……

日复一日紧张地送餐，外卖小哥变得更加热情和快乐，面对种种天气状况也多了一份淡定。一日，他正在骑行送餐，忽然看到一件件文具正从旁边人行道上一名小男孩的书包中散落出来，他定睛一看，原来是小男孩只顾往前走，没有察觉到自己的书包拉链口松开了。他急忙停好车子，叫住小男孩："小朋友，等一下。"并把掉落的东西拾起来帮小男孩装进书包，把拉链拉好，说："背好书包。"然后摸摸小男孩的头嘱咐："注意车辆。"小男孩有礼貌地向外卖小哥鞠躬致谢："谢谢叔叔！叔叔再见！"然后大步向前走去……

小男孩每天上学都会经过一个十字路口，这天正当小男孩要过马路时，发现在自己左前方有一位老奶奶步履蹒跚，感觉她每走一步都很吃力。看到这一幕，小男孩急步向前搀扶住老奶奶的手臂，说："奶奶，别着急。我扶您过马路！"老奶奶看到这么可爱懂事的小男孩，脸上顿时露出了慈祥的笑容，并慢慢地对小男孩说："谢谢你，我这两天腿疼的老毛病又犯了，有你扶着我就敢迈步了。"……

老奶奶经常会选择天气好的时候在路边散步，走累了就会在路边的长椅上坐一会儿，休息休息。这天她刚坐到公交站长椅上，就发现坐在另一个椅子上的人好像在抽泣。她侧过身仔细一看，原来是一位身着职业装的漂亮女青年，她低着头轻轻地抽泣。老奶奶情不自禁地拍拍女青年的肩膀，问道："孩子，遇到什么事情了，跟老奶奶说说。"然后从口袋中拿出一包纸巾递到女青年的手中，轻声抚慰道："孩子，要对生活中的各种挑战充满勇气，因为你年轻，一切都可以变得更好！"女青年抬起头看着眼前这位慈祥、善良的老奶奶，倍感亲切和温暖，仿佛是家人在劝慰自己，刚才那些来自职场中的压力和不快顿时减少了许多。女青年接过纸巾，擦干眼泪，握着老奶奶的手说："谢谢您的教导，我应该勇敢地面对一切，因为我是年轻人！"女青年告别了老奶奶，站起身迎着阳光走向远方……

从女青年递给外卖小哥擦汗纸巾开始传递温暖，到外卖小哥帮小男孩捡起遗失物品，再到小男孩搀扶老奶奶通过车水马龙的十字路口，最后到老奶奶递纸巾鼓励长椅上情绪低落的女青年。他们之间不断接力传递温暖，表现出每个人在被别人帮助后，没有将获得的温暖私藏，而是主动去帮助别人，继续将这份温暖和真情传递下去。

9.3.2 角色设计与制作

1. 角色设计与制作

① 外卖小哥是一位生活态度积极，对未来充满希望的男青年，他的造型及全身转面图如图 9.35 所示。

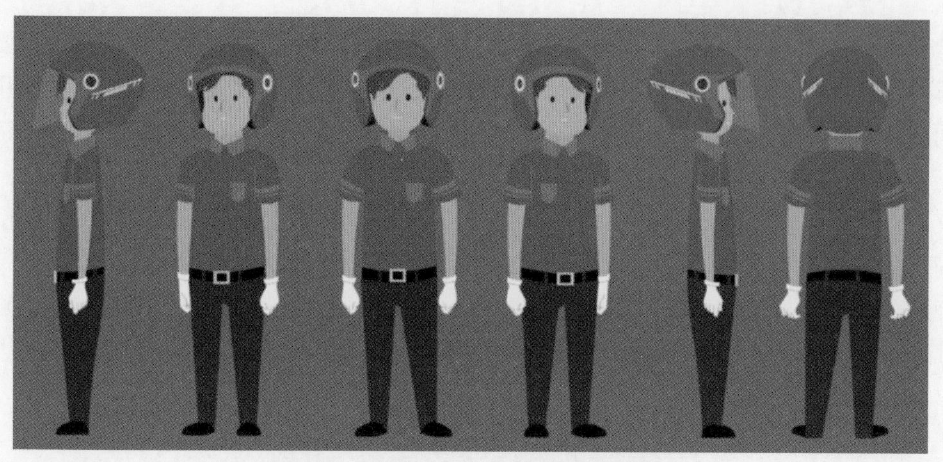

图 9.35　外卖小哥的造型及全身转面图

② 点餐者是一位气质优雅、美丽而热心的女青年，同时也是一位走向工作岗位不久的职场新人，她的造型及全身转面图如图 9.36 所示。

图 9.36　女青年的造型及全身转面图

③ 小男孩是一位活泼可爱、聪明阳光的孩子。他的造型及全身转面图如图 9.37 所示。

图 9.37　小男孩的造型及全身转面图

④ 过马路的大妈是一位善良又慈祥、动作稍迟缓的老奶奶，她的造型及全身转面图如图 9.38 所示。

图 9.38　老奶奶的造型及全身转面图

2. 角色的比例设计

影片中有 4 个主要的角色，他们在年龄、性别和职业等方面各不相同，在体态上的比例关系如图 9.39 所示。

图 9.39　角色体态上的比例关系

3. 道具及其他设计

在影片中会根据剧情的需要设计很多道具和一些群众角色，图 9.40 所示为本影片中用到的道具和其他角色。

图 9.40　本影片中用到的道具和其他角色

图 9.40　本影片中用到的道具和其他角色（续）

9.3.3 场景设计与制作

根据故事情节需要共设计 7 个场景，按照前面工作任务中讲述的方法，绘制出以下 7 个不同的场景，如图 9.41 ～图 9.47 所示。

图 9.41　城市道路场景的设计

图 9.42　女青年办公室场景的设计

图 9.43　女青年办公室门口场景的设计

图 9.44　女青年办公室门口外场景的设计

图 9.45　小男孩学校场景的设计

图 9.46　小男孩学校外马路场景的设计

图 9.47　十字路口场景的设计

9.3.4　分镜脚本设计

《温暖的接力》故事情节，共有 4 次接力温暖的过程，再加上其他情节设计，影片共设计了 34 个分镜，动画分镜表如表 9.1 所示。

表 9.1　《温暖的接力》动画分镜表

镜号	画面	说明	声音	所需帧数
01		以淡入、淡出方式展现城市道路的全景。天空中有移动的太阳和云朵。马路上有川流不息的各种车辆，不同着装的外卖小哥也来来往往，穿梭其中	此起彼伏的汽车喇叭声、电动车加速声	310 帧首尾的淡入、淡出各占 30 帧
02		以淡入方式继续展现城市道路的全景。天气产生了变化，天空只有移动的云朵，不时有一阵阵的风刮过，马路上仍有各种车辆和外卖小哥。 55 ～ 96 帧推镜头至街道中景；97 ～ 197 帧左移镜头，直到外卖小哥从右侧入镜	此起彼伏的汽车喇叭声、电动车加速声和一阵阵的风声	197 帧
		197 ～ 228 帧跟镜头，此时有旋转风刮过外卖小哥。 228 ～ 320 帧继续跟镜头。 320 ～ 350 帧淡出，同时外卖小哥快速骑出镜头	电动车加速声 一阵阵的风声	153 帧

续表

镜号	画面	说明	声音	所需帧数
03		以淡入方式继续展现城市道路的全景。天气变阴并下着雨，建筑物窗口透出灯光，马路上仍有各种车辆和外卖小哥。 30～76帧推镜头至街道中景; 76～105帧镜头固定，直到外卖小哥从右侧入镜	电动车加速声和下雨声	105帧
		105～280帧跟镜头。 280～310帧淡出，同时外卖小哥快速行驶出镜	电动车加速声和下雨声	205帧
04		以淡入方式展现办公室全景，窗外雷雨交加。 30～150帧室内女青年浏览计算机，眼珠左右转动，手握鼠标左右移动。 150～240帧推镜头至女青年近景	雷雨声、单击鼠标声	240帧
		240～280帧女青年听到门铃响，向门口转一下头，然后起身。 280～310帧淡出	鼠标声、门铃声	70帧
05		以淡入方式展现办公室门口。 30～129帧推镜头并上下小幅移动模拟走路的起伏状态，然后停顿11帧。 140～170帧推镜头给出手握门把的特写。 170～187帧推开门，露出门外的外卖小哥	女青年走路声、开门声	187帧
06		门开的同时，露出门内的女青年	背景音乐以淡入的方式响起	25帧

续表

镜号	画面	说明	声音	所需帧数
07	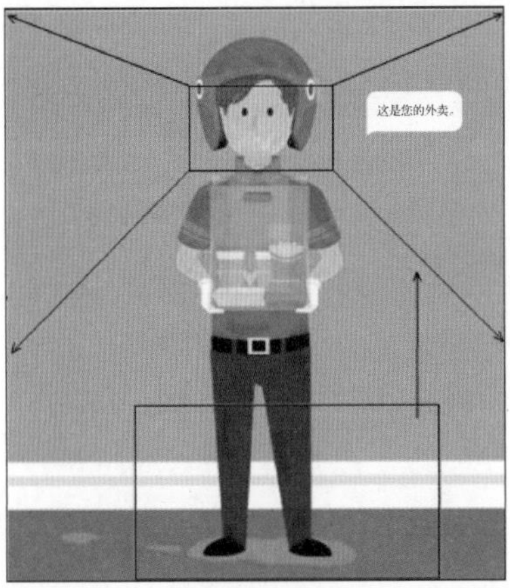	1 ～ 120 帧从外卖小哥小腿摇镜头至头部。 120 ～ 180 帧拉镜头	背景音乐继续	180 帧
		180 ～ 240 帧外卖小哥把外卖递过去，并进行对话	对白字幕：这是您的外卖。 背景音乐继续	60 帧
08		女青年回应对话	对白字幕：谢谢！ 背景音乐继续	240 帧
09		小哥腿部特写，转身准备离开。听到女青年的对话，又把抬起的腿放下	对白字幕：请等一下！ 背景音乐继续	70 帧
10		女青年继续说话	对白字幕：雨天路滑，注意安全。 背景音乐继续	80 帧
11		15 ～ 50 帧女青年手拿纸巾的特写，从右下方缓缓移入，并伴随着对白	对白字幕：擦擦脸，这样不会影响视线。 背景音乐继续	90 帧

续表

镜号	画面	说明	声音	所需帧数
12		小哥头部特写，微笑并微微点头。 15 ～ 34 帧推镜头至头部放大特写。 34 ～ 90 帧继续推镜头，并逐渐淡出	背景音乐继续	90 帧
13		淡入展示校门外。 30 ～ 90 帧从右向左移镜头，同时小哥从门口经过	电动车加速声。 背景音乐继续	90 帧
		90 ～ 153 帧小男孩从教学楼跑到大门口，同时教学楼逐渐缩小	小男孩跑步声。 背景音乐继续	63 帧
		153 ～ 280 帧小男孩从大门口跑出学校，同时推镜头，教学楼继续缩小，大门和围栏逐渐放大	小男孩跑步声。 背景音乐继续	127 帧
14		淡入、淡出展示校外马路情况：外卖小哥在等红灯时，向前跑的小男孩的文具从书包中掉落。绿灯亮起时，外卖小哥急忙追上去	文具掉落声、电动车加速声。 背景音乐继续	263 帧
15	小朋友 等一下。	淡入展现小男孩向前跑的头部特写，随着对白声，小男孩停下脚步，转过头来	对白字幕：小朋友，等一下。 背景音乐继续	108 帧

续表

镜号	画面	说明	声音	所需帧数
16	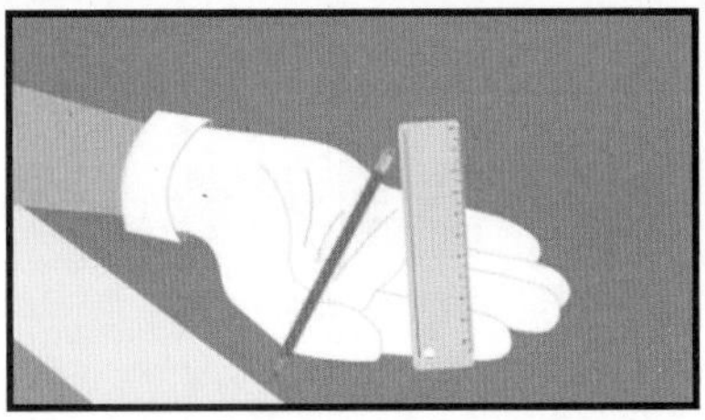	外卖小哥手部特写，从左上角伸到镜头中间	背景音乐继续	60 帧
17		从外卖小哥脚部特写开始向上摇镜头，直到呈现外卖小哥上半身	对白字幕：背好书包。 背景音乐继续	90 帧
18		外卖小哥用手抚摸小男孩的头，外卖小哥的手和小男孩的头有轻微摆动	背景音乐继续	50 帧
19		外卖小哥继续对小男孩说话	对白字幕：注意车辆。 背景音乐继续	60 帧
20		1 ～ 30 帧由小男孩全景推镜头至中景。 从 30 帧开始，小男孩致谢，并挥手，然后镜头淡出	对白字幕：谢谢叔叔！叔叔再见！ 背景音乐继续	140 帧
21		镜头淡入，然后小男孩从左侧逐渐进入镜头。 106 ～ 179 帧镜头跟随小男孩向右侧移动	走路声、汽车喇叭声。 背景音乐继续	179 帧

续表

镜号	画面	说明	声音	所需帧数
21		179 ～ 300 帧拉镜头，小男孩看到路口的老奶奶，最后 30 帧边拉镜头边淡出	走路声。 背景音乐继续	121 帧
22	奶奶，别着急。	镜头淡入。然后小男孩从后面伸手搀扶住老奶奶	对白字幕：奶奶，别着急。 背景音乐继续	110 帧
23		老奶奶转过身来	背景音乐继续	76 帧
24	我扶您过马路！	小男孩对老奶奶说话。 51 ～ 90 帧向右斜上方摇镜头，给出老奶奶头部特写	对白字幕：我扶您过马路！ 背景音乐继续	90 帧
	谢谢你，我这两天腿疼的老毛病又犯了，有你扶着我就敢迈步了。	90 ～ 210 帧老奶奶对小男孩说话，然后镜头淡出	对白字幕：谢谢你，我这两天腿疼的老毛病又犯了，有你扶着我就敢迈步了。 背景音乐继续	120 帧
25		在镜头淡入的同时小男孩搀扶着老奶奶过马路。 30 ～ 236 帧镜头跟随小男孩和老奶奶向右侧移动。 236 ～ 338 帧镜头固定，小男孩和老奶奶走出镜头	背景音乐继续	338 帧

续表

镜号	画面	说明	声音	所需帧数
25		338 ～ 450 帧推镜头，展现公交站牌特写	背景音乐继续	112 帧
26		从公交站牌特写开始拉镜头，同时公交车从静止向前启动，并驶出镜头	背景音乐继续	198 帧
		公交车驶出镜头露出坐在车站长椅的老奶奶。 220 ～ 259 帧推镜头至近景。 259 ～ 290 帧老奶奶向左转过头去	背景音乐继续	92 帧
27		女青年坐在长椅上抽泣，然后镜头淡出	背景音乐继续	90 帧
28		镜头淡入，女青年脚部逐渐模糊，然后老奶奶手拿纸巾伸入镜头，并与女青年说话	对白字幕：孩子，遇到什么事情了，跟奶奶说说。 背景音乐继续	120 帧
29		女青年抽泣的脸部特写	背景音乐继续	21 帧

续表

镜号	画面	说明	声音	所需帧数
30		老奶奶劝慰女青年的近景	对白字幕：孩子，要对生活中的各种挑战充满勇气，因为你年轻，一切都可以变得更好！ 背景音乐继续	130 帧
31		女青年用老奶奶给的纸巾擦掉眼泪，心情好了很多	背景音乐继续	65 帧
32		老奶奶与女青年手与手相携的特写	背景音乐继续	55 帧
33		镜头淡入，女青年对老奶奶表达谢意，然后镜头淡出	背景音乐继续	140 帧
34	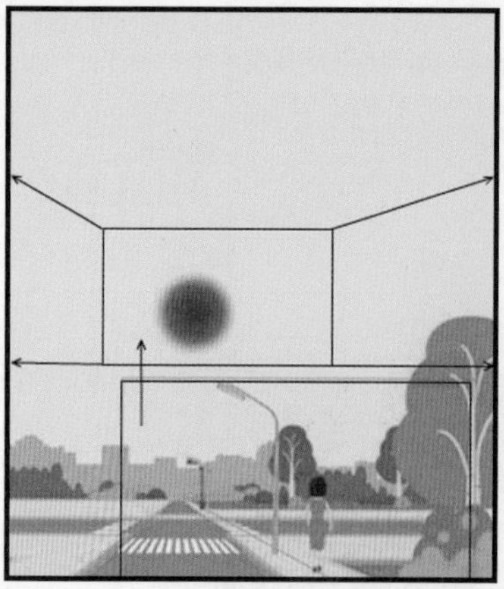	镜头淡入，女青年迈步向前走去	女青年的脚步声。 背景音乐继续	156 帧
		156 ～ 302 帧镜头从女青年远去的背影摇向天空中的太阳，边摇边推镜头。 302 ～ 340 帧镜头淡出。 330 ～ 340 帧故事结束，空镜头	女青年的脚步声。 背景音乐继续	184 帧

9.3.5 动作设计与制作

影片中的动作设计主要包括角色动作、自然景象动作和道具动作等，如图 9.48 ～图 9.63 所示。

图 9.48 电动车的动作设计

图 9.49 斜线型风效的动作设计

图 9.50 旋转型风效的动作设计

图 9.51　下雨影片剪辑的动作设计

图 9.52　女青年办公室转头的动作设计

图 9.53　女青年说话口型的动作设计

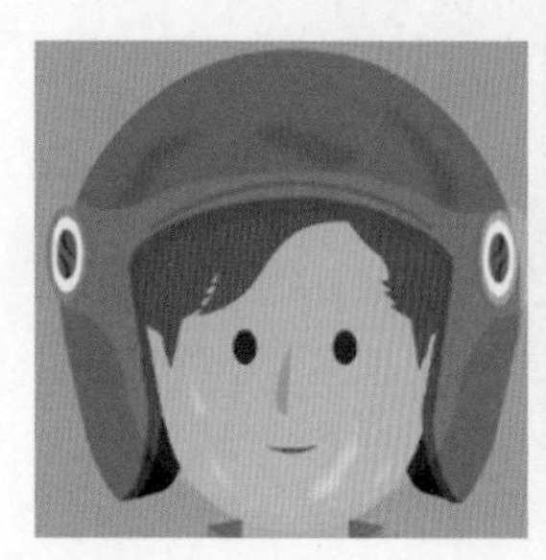
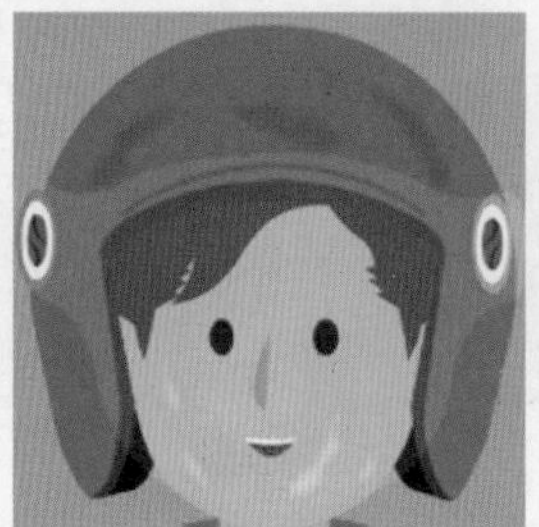
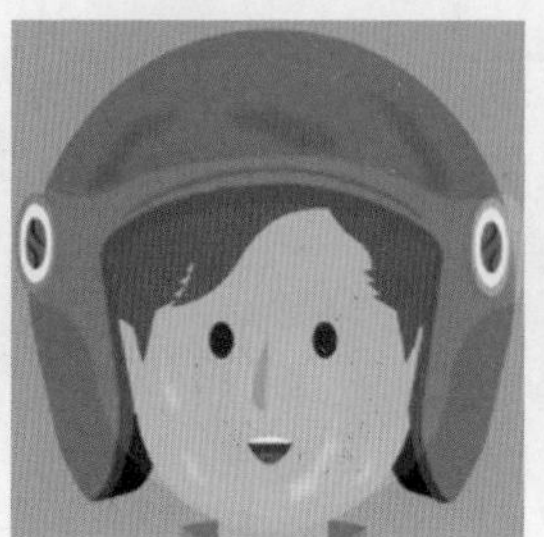

图 9.54　外卖小哥说话口型的动作设计

图 9.55　小男孩说话口型的动作设计

图 9.56　小男孩挥手的动作设计

图 9.57　小男孩跑的正面动作设计

图 9.58　小男孩跑的背面动作设计

图 9.59　小男孩走的侧面动作设计

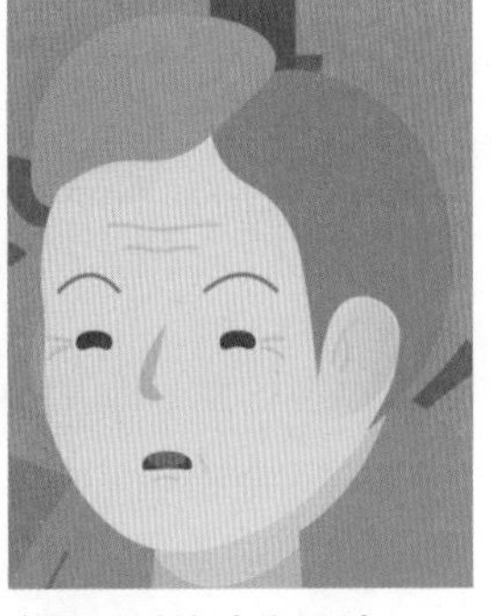

图 9.60　老奶奶的眼睛和口型的动作设计

图 9.61　女青年哭泣的动作设计

图 9.62　女青年擦掉眼泪的动作设计

图 9.63　女青年走的背面动作设计

9.3.6　动画制作与实现

按照分镜设计的要求，在 An 软件中每个分镜的内容需要对应一个场景，因此共需要 34 个场景，再加上片头及片头代码、片尾及片尾代码所需要的 4 个场景，整个故事短片共需要 38 个场景。各场景的动画制作过程不再以文字步骤的形式介绍，而是以录制的制作视频进行讲述，各视频对应的二维码如表 9.2 所示。

表 9.2　各场景片段截图及其制作过程二维码

场景序号	场景片段截图	制作过程二维码
片头		
片头代码	温暖的接力	

续表

场景序号	场景片段截图	制作过程二维码
场景 1		
场景 2		
场景 3		
场景 4		

续表

场景序号	场景片段截图	制作过程二维码
场景 5		
场景 6		
场景 7		
场景 8		

续表

场景序号	场景片段截图	制作过程二维码
场景 9		
场景 10		
场景 11		
场景 12		

续表

场景序号	场景片段截图	制作过程二维码
场景 13		
场景 14		
场景 15		
场景 16	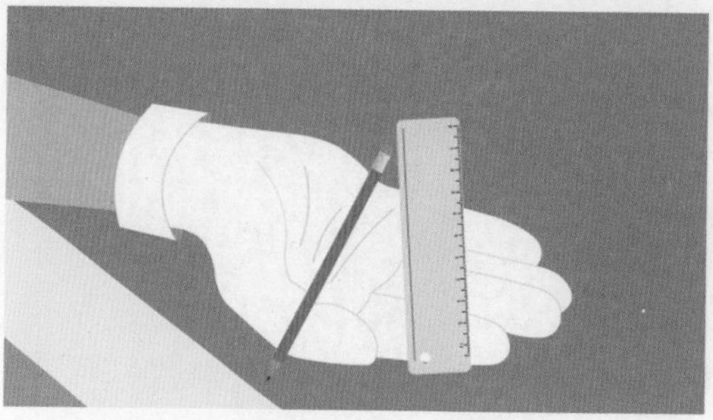	

续表

场景序号	场景片段截图	制作过程二维码
场景 17	 背好书包。	
场景 18		
场景 19	 注意车辆。	
场景 20	 谢谢叔叔！ 叔叔再见！	

续表

场景序号	场景片段截图	制作过程二维码
场景 21		
场景 22	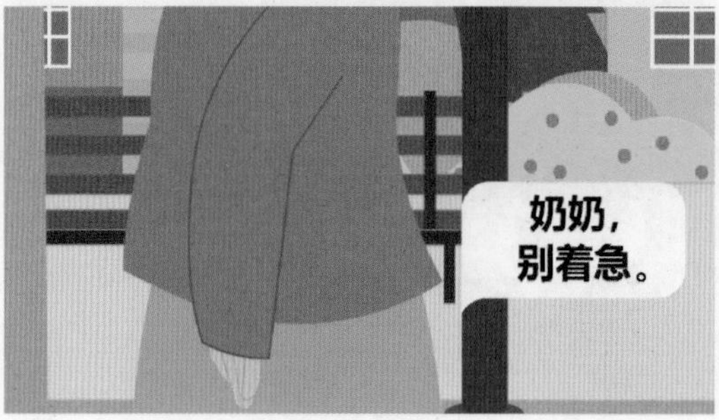	
场景 23		
场景 24		

续表

场景序号	场景片段截图	制作过程二维码
场景 25		
场景 26		
场景 27		
场景 28		

续表

场景序号	场景片段截图	制作过程二维码
场景 29		
场景 30		
场景 31		
场景 32		

续表

场景序号	场景片段截图	制作过程二维码
场景 33		
场景 34		
片尾		
片尾代码		

9.3.7 音效设计

首先，根据故事情节及主题内涵选取一段钢琴纯音乐作为背景音乐，由于整个影片采用多场景的方式来制作，所以背景音乐可以在外卖小哥冒雨给女青年送餐的场景中添加，并且将音乐同步方式设置为“开始”。

其次，影片中的各种动作比较多，为了使影片生动、真实，可以给各种动作添加伴音音效，包括汽车喇叭声、电动车加速声、走路的脚步声、门铃声、鼠标单击声、风声、雨声等，将这些音效的同步方式设置为“数据流”。

另外，角色对白的声音没有录制，而是以字幕的形式代替。

9.3.8 片头片尾设计

1. 片头设计

影片的片头一般包括的内容有影片名称、制作单位或团队、影片中的部分角色、影片中的主要环境及“播放”按钮等。片头内容在具体的表现上可以是静态的，也可以是动态的。本影片的片头分两部分，一部分用于动态展现人物和环境，另一部分用于动态展现片名、制作团队和按钮，如图 9.64 所示。

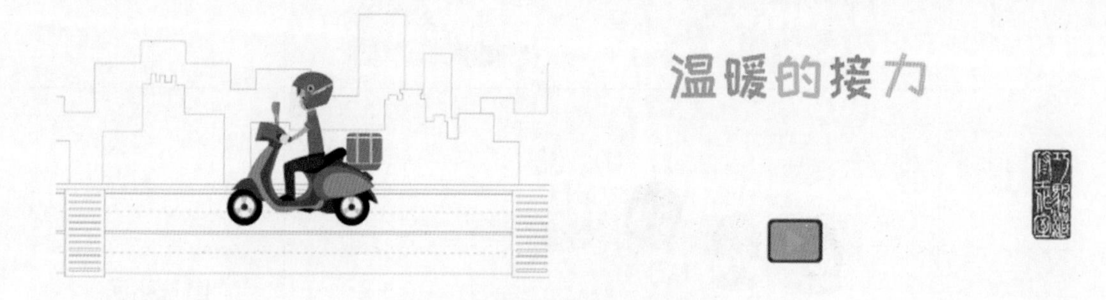

图 9.64 影片片头设计的两部分

由于设计了影片片头，所以影片在播放前画面应该停在片头，单击“播放”按钮后，才开始播放影片。实现这个要求的具体方法是，将片头最后一帧的所用对象复制到下一个专门放代码的新场景，并将“播放”按钮实例命名为“playBtn”，其中“Actions：1”图层的代码和注释如图 9.65 所示。

```
Actions:1                                          使用向导添加
1
2  /* 在此帧处停止
3  Animate 时间轴将在插入此代码的帧处停止/暂停。
4  也可用于停止/暂停影片剪辑的时间轴。
5  */
6
7  stop();
8
9  /* 单击以转到下一场景并播放
10 单击指定的元件实例会将播放头移动到时间轴中的下一场景并在此场景中继续回放。
11 */
12
13 playBtn.addEventListener(MouseEvent.CLICK, fl_ClickToGoToNextScene_3);
14
15 function fl_ClickToGoToNextScene_3(event:MouseEvent):void
16 {
17     MovieClip(this.root).nextScene();
18 }
19
```

图 9.65 “Actions：1”图层的代码和注释

2. 片尾设计

影片的片尾一般包括的内容有制作团队的成员及分工、总结性的字幕、影片中的部分角色、影片中的主要环境及“重播”按钮等。同样，片尾内容在具体的表现上可以是静态的，也可以是动态的。本影片的片尾加入了动态内容、制作者和“重播”按钮，如图 9.66 所示。

图 9.66 影片的片尾设计

由于设计了影片片尾，同理，影片在播放完后画面应该停在片尾，单击“重播”按钮后，开始重新播放影片。实现这个要求的具体方法是，将片尾最后一帧的所用对象复制到下一个专门放代码的新场景，并将“重播”按钮实例命名为“replayBtn”，其中“Actions：1”图层的代码和注释如图 9.67 所示。

```
Actions:1                                    使用向导添加
1
2  /* 在此帧处停止
3  Animate 时间轴将在插入此代码的帧处停止/暂停。
4  也可用于停止/暂停影片剪辑的时间轴。
5  */
6
7  stop();
8
9  /* 单击以转到场景并播放
10 单击此指定的元件实例可从指定的场景和帧播放影片。
11
12 说明:
13 1. 用要播放的场景名称替换"场景 3"。
14 2. 在指定场景中，用希望影片从其开始播放的帧的编号替换 1。
15 */
16
17 replayBtn.addEventListener(MouseEvent.CLICK, fl_ClickToGoToScene_3);
18
19 function fl_ClickToGoToScene_3(event:MouseEvent):void
20 {
21     MovieClip(this.root).gotoAndPlay(1, "场景 1");
22 }
23
```

图 9.67 “Actions：1”图层的代码和注释